JN113292

# 脱原発
# 経産省前テントここに在り！

淵上太郎遺稿集

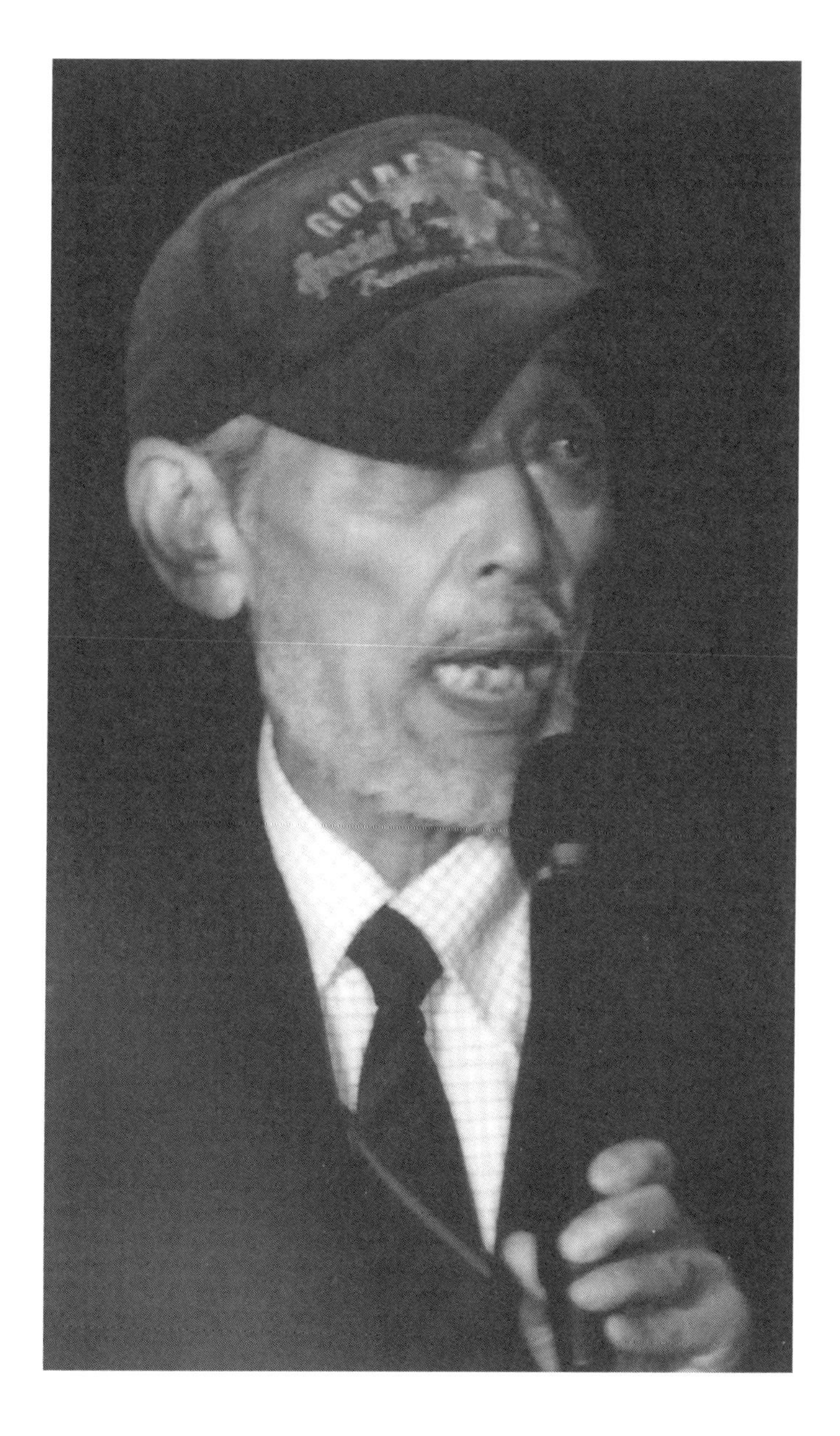

# ことはじめ

桝本 純

渕上さんの人となりに初めて触れたのは、二〇一六年の一月、何気なく経産省前のテントに立ち寄り、一杯呑まないかと誘った虎ノ門のラーメン屋でのことだった。

別にこれといった目的があったわけではない。時どき会っては軽く飲む雑談仲間の三人、大賀・中澤・桝本が、たまたま渕上さんを引っ張り込んだだけのことだ。「脱原発テントひろば」の代表として苦労しているだろう彼に、ひととき気ままにしゃべる時間を、というくらいの気持ちだった。

当時彼は、もう一人の代表者正清さんとともに民事訴訟で天文学的な損害賠償請求を容認する一審判決を受けており、内外の脱原発運動の交流拠点となった二つのテントも、長年の風雨にさらされてあちこち傷み、寒風に震えていた。

＊

夏でも冬でも背広にネクタイ、足元は平べったいスニーカー、頭にはいつも野球帽というコスチュームで姿勢よく歩くヒゲ男は、ラーメン屋に入りながら何も食わず、ただひたすらビールを呑み、タバコを吸いつつ、しゃべる。

話を聞くにつれて、その中身と話しっぷりがやたら面白かった。

生まれは昭和一七年・旧満洲大連市。父はいわゆる〝大陸浪人〟で、母はキリスト教系奉仕活動の経験者だが、結婚して満洲へ行ったのは、父親の活動のためだ。内地に引き揚げてから小学校に入るが、一家は生活苦に追われて各地を移住、転校を繰り返す。それも東京各地・北海道・九州・茨城・神奈川と転々としたのは半端ではない。貧乏との闘いと〝金持ち〟への反感――それは父方の複雑な家族関係とあいまって、「生きるための闘い」で彼の生活感覚を基礎づけた。

長じて学生運動に身を投じ、昔日の新左翼の一派「ＭＬ派」のリーダーの一人としてその名を知られることになるが、その彼が「左翼はダメだ、ゴミみたいなものだ」と慨嘆し、「だけどオレも左翼の発想なんだよなァ」と悩ましげに語りつつ、また呑む。

「オレはただの酔っ払いさ」とうそぶく彼が、かつて「理科少年」だったことも初めて聞いた。老齢を迎えて「脱原発」の先頭に立つ元理科少年は「脱原発」そのものに悩み、模索する――なぜ「脱原発」なのか、原発に反対する究極の根拠は何か、と。

危険性や被害の事実はおそろしく深刻だが、それを並べて「反対」をアジるだけでは、運動は進まないし広がらない。こういう発想には、運動の現実に対する率直な危機感があった。

これはぜひ記録に残しておきたいと思いつき、場の勢いでやろうやろうという話になって、あらためて本格的に聴くことにした。

＊

録音をとりながらの聴き取りは十数回に及んだ。記憶を手繰りながらの話はしばしばあちこちに跳び、思い出すままに広がる。途中からビールが入ることもあれば本人が寝込んでしまうこともある。経産省前テントや行動から引き上げてきた後だから、安堵も疲労もあって不思議はない。その膨大な音声記録を文字に起こすことから本書の作業は始まった。

だが、データ原稿を読むための文章に作り直す過程は錯綜して、予想以上に難航した。他方、テントは二〇一六年八月に強制撤去され、翌一七年の設立六周年の集会終了直後には、渕上さん本人が経産省脇の路上で理由もなく逮捕され、警視庁に十数日拘留される。

その間に渕上さんは自らの文章を書き進めた。

「原子力ムラと闘う方法」と題された一文は、二〇一一年の「三・一一」以来の行動記録であり、その行動で培われた「闘う」基本姿勢の表明である。重厚かつ長大な論稿をあえてドーンと初めに置き、聞き書きは後ろに回した。

ご用とお急ぎの方は第二部「渕上太郎という男」から読んでいただいてかまわない。だが歯応えのある第一部にぜひ立ち返り、渕上太郎の肉声と直接に対話してみてほしい。ここには「テント」に関わったすべての人々の志と魂が込められている。

「脱原発テント」ここに在り！

＊

「脱原発」は永遠である。

一基の原発の廃炉にも百年はかかる。その跡地は使えない。そして残された多量の「使用済核燃料」は冷やし続けなければならず、高濃度放射性汚染水は垂れ流され続ける。なかでも危険なプルトニウム２３９は半減期二万四〇〇〇年、卑弥呼の時代から今までの一四倍の時間が経っても放射能は半分にもならない。これが原発だ。こんなものを五四基も、世界に冠たる地震列島の上に並べてしまったのが、「美しきニッポン」の姿である。

# 編集の経緯について

本書は過去一〇年の脱原発運動の記録——第一部と、経産省前テントひろばの村長・渕上太郎が語った生い立ち——第二部とから構成されている。「ことはじめ」では桝本さんが渕上さんに本書の企画を呼び掛けた経緯も記した。二〇一六年末までにインタビューは文字に起こされたが、その年の夏に最高裁判決が出され、テントが強制撤去されるなどで編集作業は一時中断された。その後、一七年の九・一一経産省抗議行動の最中に歩道を歩いていた渕上さんは不当にも逮捕されて一三日間警視庁に拘留された。不起訴で解放されたものの、翌一八年夏、渕上さんが第一部「原子力ムラと闘う方法」を推敲中に癌を発症し、暗礁に乗り上げた。

渕上さんは闘病生活を経て二〇一九年三月二〇日に亡くなった。残された三人の編集会議では、桝本さんが第二部「渕上太郎という男」の推敲を始めた。しかし、同年七月に桝本さんも自宅で倒れて九月一九日に亡くなり、再び暗礁に乗り上げてしまう。

東電・福島原発事故から半年後に設置された脱原発テントでは、二〇一六年八月の強制撤去以降も連日座り込みを続け、脱原発運動の一翼を担っている。そうした経緯から中澤さんと私は様々な条件を乗り越えてここに出版に至りました。

二〇二〇年一二月　大賀英二

目次

# 第二部　渕上太郎という男

# 第一部　原子力ムラと闘う方法

## 原子カムラと闘う方法

放射性物質を燃料とする複雑なシステムで構成される原発はいったん大きな事故になれば容易にそれを収束できない、逃げられないのである。

二〇一一年三月の東北地方太平洋沖地震では、大きな揺れによって千葉県市原市のコスモ石油のタンクも炎上した。ほとんど消火活動なしで（消火活動を継続中などと報道されたが）事実上炎上に任せたはず（そのような態勢であったであろうこと）だが、結局十日後の三月二一日に燃え尽きて鎮火した。火災により被災エリアにあった全量のＬＰＧ（約五二二七トン）が焼失した。爆発による飛散物・爆風等の影響により、隣接するその他の工場で火災が発生し、近隣の車両・船舶・建屋のガラス等を汚損・破損した（以上はコスモ石油発表）。さらに大量の$CO_2$を大気中に放出したであろうが、ともかく以上の程度で事故は収束したのである。

しかし東電福島第一の事故は、その現場に関係者は踏みとどまり、「放射能を閉じ込めるための奮闘」は避けがたいことであった。放射性物質が大気中へ放出されるのを少しでも防ぐためであった。

事故直後から格納容器の爆発等、さらなる深刻な事態が予測され、他方でそれを防ごうという現場の要員の命に直接関わる事態でもあったのである。もちろん現場に残った関係者の命が軽視されてよいともならず、一時はわずかな要員を残して「現場退去」も考えられたのであった。海外メディアでは一時「英雄フクシマ50」等と報道されたこともあった（二〇一一年三月一八日　朝日新聞）。

ともかく五〇〇人程の要員が現場に残り、吉田所長を先頭に昼夜兼行の事故対策が行われたのであった。簡単に逃げるわけにはいかなかったのである。それは例えば原子炉近くでは五分も留まれないような強度の放射線下での作業であり、またこのような想定されていない初めての大事故であったが故に、所長以下何も分からない、設計図がない、マニュアルがないという状況でさえあった。その奮闘は隔靴搔痒の観さえあった。

すなわち、コスモ石油のように炎上にまかせるといったことが、事故の深刻さ、そのさらなる拡大を考えると容易に決断できない状況となったのである。これはチェルノブイリ事故でも同様なことであった。

原発が一定の利便性をもっているのは明らかなことであるが、第一にこの利便性と事故などがもたらす被害の大きさの乖離が大きすぎる。第二に事故への対処自体が対処する者の命と直接矛盾する。第三に原発の事故は、その初期対応ないし一般対応において、それを欠かすならばさらに大きく深刻な事故へ発展する。

もともと戦争の兵器として開発された核技術を民生用発電に転用したのだが、この技術は核分裂を人間が期待する程度に制御する技術であるとともに燃料としてのウラン235及び核分裂により新たに生成された「死の灰（気体等を含む）」を工学的に制御する（と言っても、ひたすら一定の場所に閉じ込めるだけだが）技術である。

発電の原理自体は、水を沸かして蒸気をつくりその力でタービンを回すという実にシンプルなものである。ただ水を沸かす時の熱エネルギーをつくるのに原子の核分裂によって発生する熱を利用する。核分裂は新たな放射性物質を発生させる。

その運転に関する起動、停止、制御等は、材木や化石燃料を燃やしたりするのとは全く異なった原理による。化石燃料等の場合は、その「燃料」の供給を停止すればよいのだが、原発は初めからその燃料は丸ごとそこ――炉心の中、これが燃焼室――に存在するから「燃料」の供給を停止することなどできないので、核分裂反応自体を制御しなければならない。

実のところ原発は、兵器としての核爆弾の千倍を超えるウラン２３５を扱っている。通常、原発は大量に抱え込んだ燃料を核爆発しないように制御されている。核爆弾は一回でそれを爆発させればそれで兵器としての役割をまっとうすることになる。原発はその千倍のウラン２３５を徐々に核分裂させるもので、その制御技術は核爆弾より遥かに体系的であることを要し複雑さも桁違いなものとなる。したがって原発の大事故は、一基でも核爆弾の千倍の被害をもたらすと言っても過言ではない。

具体的には、結果として三七万～六三万テラベクレル（二〇一一年四月一二日、原子力安全・保安院発表。報道は朝日新聞による）の放射性物質が一般環境に放出され、二十万に上る人々が東電福島第一原発の周囲から避難せざるを得ず、そうした地域では放射性物質に汚染されて、長期にわたって帰宅困難となり多くの人々が故郷を失った。家や土地はもちろん地域コミュニティや家族の関係までズタズタに引き裂かれた。こういう点でもコスモ石油の炎上とは質的に全く異なった結果をもたらしたのである。

しかし利便性の強調と科学や科学技術に対するある種の憧憬は、こうした技術と実際に起きうる現実の事故との乖離を生み出す。原発以外の分野においても同様の傾向があるが、その乖離がもたらす被害のレベルは、原発がもたらすものに比べれば遙かに限定的である。そもそも停止している原発にも膨大な電力を必要とする。使用済核燃料を冷却する水とこれを動かすポンプの電力、これがなければ三・一一と同様の重大な危機に直面する。止まっていても動いているという大矛盾のなかに原発は在る。

戦後わが国の科学技術の社会的実現で幾つか目新しいものの一つに東京タワーやスカイツリーがあるが、これは様々な新技術の結晶であろうが、万一これが強風で倒壊しても被害はいくら大きくても限定的で、すぐにでも人間が事故の収拾に対応しうる。あるいは新幹線も青函トンネルも同様である。先のコスモ石油もそうだし、各種ロケット・人工衛星なども同様であろう。核物質を扱うということで、さらにその数量においてたった一基で核爆弾の千倍という量を扱うということで、全く異なった事態が進むことになる。これを不条理と言わずして何が不条理か。

こうしたことをわれわれは三・一一の事故の直後から否応もなく学ばされてきた。同年の六月頃、雑誌『情況』に東電福島の原発はどうなっているのか、新聞記事やテレビ報道で分かりうる範囲でつたない暴露文を書かせていただいたが、自分としては事故の状況を整理しながら自らの態勢を整えていく必要を強く感じたわけです。

原発問題についてはその運動という面からしても初めて取り組むことであったし、その知識という面でも全く素人であったから、三月一一日直後からそれなりに学習等にも励んできた。今も原発に関する知識という点では発展途上にすぎない。原発の問題は相当多岐にわたる課題で、未だに一知半解の体であって、この本を上梓するというのも私からすれば極めて大胆な選択である。

# 第一章
# 脱原発運動への始まり　経産省の後ろめたさ

## 第一節　二〇一一年三月一一日の衝撃と福島支援活動

### ●二〇一一年三月一一日の衝撃

ちょうどその日、まさに一五時から地域の防災訓練が行われる予定で、家から出て、その時間に間に合うように近所の市民センターに向かっているところでした。一四時四五分くらいだったと思います。揺れが来た瞬間はちょっとよろける感じで年のせいかな等と思ったのですが、中学生の下校時間に重なっていて、「きゃーっ、地震だ！」とかで路上に座り込んだりしているわけです。そうかと思って、信号機を見ると大きく揺れていて、ようやく地震だと納得しました。かなり大きな揺れが暫く続きましたが、率直に言って大したことはなかろうと、そのまま防災訓練の会場に向かいました。

会場では地震の噂で盛り上がっていましたが、詳細はということで、聞いてみると、藤沢市では震度五弱という。だとすれば、防災訓練を実行すべしということで、直ちに訓練に入ったのです。この日の訓練は、一〇〇トン水槽というのがあって、災害の時にこの水槽から飲料水をくみ上げて住民に供給するという、その操作等でした。途中に何度も余震がきましたが、こういう時にこそ訓練が大事だと思っていたので、取り敢えずこの大庭地区は大きな災害ではないので、構わず訓練を続け、約一時間後に終了しました。参加者の質問をゆっくり受け付けるといった余裕もありました。

　訓練を終えて自宅に帰ると、本立てから書籍がこぼれ落ちて散乱している程度でしたが、テレビ報道からの事態は、はるかに深刻であることが分かるわけです。大津波警報が藤沢市を含むほとんどの太平洋側地域に出されており、その赤い点滅がテレビに映し出されていました。

　それから何日かは、多くの人がそうだったと思いますが、テレビの前に釘付けといった状態でした。

## ●原発の危機の本質

地震全体の状況は宮城・福島・岩手を中心に、市原市のコスモ石油もですが、いろいろ報道されていましたが、よく写真が撮れたなと思わせるものもあってインパクトがありました。けれども東電福島原発の様相については、原子力災害対策特別措置法の第一〇条による通報が一六時、第一五条通報が一六時四五分、政府による緊急事態宣言発動が一九時一八分ということになっていますから、そういう報道がなされて、大変な危機にあることは十分理解できるのですが、具体的にはさっぱり見えてこない。

　東電や政府の発表・記者会見等、いわゆる専門家の意見などについて、大変な危機が到来しているということは直感的に分かるのですが、その具体性において何を言っているのか、どういうことなのかほとんど理解できない、圧力容器や格納容器がどういうものかもさっぱり分からないという状況でした。一九九九年のＪＣＯ事故について少々関わりをもったのですが、その時はそれ以上追及していくことにはならなかったのですが、原発や原子力についてもう少し勉強しておけばよかったと思いましたね。私は反あるいは脱原発の活動家にはなっていなかったのです。

## ●「直ちに健康への被害はありません」

当時「直ちに健康への被害はありません」というようなことが頻繁に発言されましたが、これは、直ぐに「即死はしない」と言っているだけと思いました。それと、関係者すなわち東電の社長以下、政府の災害対策本部の連中は、何も分からないままに、その場限りの政治的な対応をしている、被害や危機をできるだけ小さく見せようとしているのが見え見えなわけです。もちろん私も分からない、情報は断片的で余計にイライラすることになりました。

しかし彼らは本当に「何も分かっていない」わけではない。分かり方の問題ということもあるかと思いますが、少なくとも、原発のこと、それが危険なものであることは十分に分かっていたわけです。それを確率論的リスク評価などと称して、逆に「安全だ」と言い続けてきたわけです。「直ちに健康への被害はない」とかの主張で、これからの被害や危険性をできるだけ小さく見せようとするのは、支配的イデオロギーを行使しようとする者の常道です。当時は、民主党政権で官房長官は枝野でしたが、自公政権であっても官房長官は同じようなことを言ったと思います。

## ●「想定外」の地震・大津波

また東電の勝俣会長の「想定外であった」との発言も有名になりましたが、これは初めっから責任回避を考えているわけで、後ほど「十五mを超える大津波」が二〇〇二年に想定されていたにもかかわらず、コスト問題でそれに対応をしていなかったことも暴露されてくるわけです。

特に強く感じたのは、原発の事故とその責任の所在の問題で、もちろん東電が全部その責を負わねばならないはずですが、これがスルッと抜け落ちていく危機感でした。本来なら、こういう問題を踏まえて、証拠を押さえるためにも検察によって直ちに東電本社等の家宅捜査や事故現場の保全が行われなければならないわけですが、政府は早々と想定外の自然災害であると決めてしまったわけです。

損害賠償を金銭に換算せざるを得ないとして、それだけの資産が東電にあるのかなどを、当時の『週刊東洋経済』の記事（二〇一一年四月二三日号）などを参考にして、合計で十兆円程度なら、銀行等の東電に対する大口債権者の権利を後回しにすれば、何とかなるんじゃないかなどと考えたりしていました。

ともかく直ちに東電の全資産を国が担保しなければならないと思いましたし、賠償問題で「一億総懺悔」みたいになるのが最悪のケースだとも思っていました。しかしそういう流れもできずに、事実上、国が肩代わりをするということが民主党政権のもとで決まってしまったのです（二〇一一年八月原子力損害賠償支援機構法成立、後に原子力損害賠償・廃炉等支援機構法）。

民主党政権の東電に対する対応の過ちは、この原子力損害賠償支援機構法成立に集約されるといっても過言ではありません。つまり、東電に十分な損害賠償をさせるためには、東電が企業として潤沢な資金環境のもとで、利益を出していく体制を整備していかねばならないといった本末転倒の論理をつくってしまったことになります。現在そうした論理の上に東電はのうのうと存在し続けています。

## ●福島への支援活動

ですが当初、私としてはこの大事故を目の当たりにして、自分がどうするのかと言う点では逡巡もありました。それまでは原発にはほとんど関心を寄せていなかったということもありますし、事故が起きた時あまりに大きな衝撃で自分の行動まで繋げて考えることができなかったということになります。

そこに「９条改憲阻止の会」の比較的若い人から、「福島に支援に行こう」という提案があったのです。一見何でもないような当たり前の提案だったのですが、阻止の会、いや私にとっては極めて新鮮で重要な提案だったと思います。それで、直ぐに動き出したのです。「９条改憲阻止の会」という組織があり、車もあったのですから、いったん決まれば結構素早く行動に移せたわけです。

阻止の会周辺の諸団体にも呼びかけて「東日本大震災緊急支援市民会議」という団体を名乗り、お金を集めたり、持参する物資の検討をしました。

四谷の事務所に集まって、あれこれの理屈はほとんど抜きで、ともかくこのタイミングで福島では何が最も必要とされているかということから始めたと思います。いろんな提案がありましたが、長靴だとか毛布は大事だろう、食料は止めよう（衛生上の考慮から責任がもてない）、チョコレートはいいんじゃないかとか、飲料水は絶対必要だとかです。ちょうど爆発があったりして、東京の水もヤバイだろうとかで、箱根においしい天然水があるからという提案もあって、わざわざ箱根に水を汲みに行ったりしました。

今から考えてみるとちょっとおかしいのですが「9条改憲阻止の会」の有志が他の団体の方とも協力して「緊急支援市民会議」をつくってやっていくという形は作ったのですが「この支援活動と9条改憲阻止の会との関係はどうなっているんだ？」といった議論は全く出されなかったことです。これはやはり改憲阻止の会の積極的な側面で行動組織としての面目躍如といったところではないかと思います。

ともかく第一回目の支援活動の出発が、確か三月の二二日だったかな。私自身は直接これには参加はしていません（運転手込みで三人しか車に乗れない）。

その支援活動はテントを建てた後も同年一一月頃まで、合計で二十数回にわたって行われました。しばらくたつと新鮮な野菜なども持って行くなどしました。

## 第二節　運動の高揚とテントの設立

### ●国会前座り込み

そして福島への支援活動という活動軸が一つできたわけですが、事故以後、反・脱原発運動が大きく広がっていくわけで、それに阻止の会とか「東日本大震災緊急支援市民会議」という形で積極的に参加していきました。

もともと、私はちゃんと考えないままこの反原発運動あるいは脱原発運動からは距離をおいていました。私の大先輩である望月彰さんという方がいて、例のJCO事故をきっかけに熱心に運動に誘われていました。彼は原発というより労働災害という問題をかなり深く掘り下げていました。

このJCO事故はご存じの通り二人の方が放射能障害そのもので非常に酷たらしい死に方をされましたが、しかし一方的に「バケツ」とか「マニュアル違反」とか、あたかも犯罪者のごとく言われたんですね、被害者なのに。この事故調査委員会の委員長が吉川弘之という当時の学術会議の会長で、私が入学していた放送大学の学長でもあって、そういうことから言えば大いに関連性もあったことになります。

一九九九年の東海村JCO臨界事故の、何年か後に九・三〇集会というのが行われ、そこでこの事故を取り扱った短い劇を催すことになって、私にJCOの社長役が割り振られて、それに出たり、当時の科技庁前の抗議行動に参加したことはあります。社長役が割り振られたのは、特に理由もなく、私が日常的にネクタイにスーツといったスタイルだったからでしょう。

けれどもなかなか反原発運動という気になれなかったのです。しかし今度の東電福島の事故はやはり強烈なインパクトだったのです。何か行動を起こさなければならないといった一種の切迫感もありました。

そんなわけで、福島支援は強烈なインパクトのもとで、私にとっては比較的考えやすい活動でした。支援活動を続けながら一一年の五月には、原発反対で国会前（議員会館）座り込みを「阻止の会」として行いました。前後して「福島原発事故緊急会議」から呼びかけられたので、阻止の会として会議等にも参加し、これとの関連で六月一一日には「六・一一脱原発一〇〇万人アクション・新宿アルタ前アクション」を主催したりしました。これも阻止の会として、ともかく脱原発を楽しく訴えようとするものでした。その呼びかけ文には「プラカード、風船、旗、ゼッケン、ヘルメット・ゲバ棒などお好きなものの持参も歓迎！」なんて書いたりしています。みんなで楽しく全てを受け入れてやろうという構えもありました。

他方で、福島現地での闘いというものに注視していましたから、六月二六日に福島で行われた「福島一万人脱原発ハンカチパレード」に、大型バスで参加するなども行い、これは後に大飯原発などの再稼働反対のバスツアーに連動していくことになりました。

## ●経産省包囲デモ

要するに脱原発運動が盛り上がっていくなかで、結構頑張って運動を起こしていくわけですが、余り悲壮感もなく比較的楽しくやっていたと思いますね、まあ今もそうですが。

そして、九月一九日の大集会が「一〇〇〇万人署名運動」を中心に計画され、それを盛り上げていくべく九月一一日の経産省包囲行動が「福島原発事故緊急会議」によって計画されたのです。

それまで原発に反対してきた闘いは、経産省をそのターゲットと見なして、その包囲行動が計画されたこともあるそうですが、これまで一度も成功したことがないということでした。今度はどうなるのかということで、実際何人集まれば人間による鎖で包囲できるか、私は一人で経産省周囲の距離を測りにいきました。ほぼ八〇〇mで、一人一mで八〇〇人集まれば包囲できる計算となります。一人で行ったのには理由がありますけど九・一一の二週間ほど前でした。その時一〇〇〇人以上の参加を見込むことができたので内心ホッとしたのです。

その後、しかしせっかくの日曜日に閑散とした霞ヶ関に、わざわざ一〇〇〇人以上の人が集まって経産省包囲に成功して「はい、包囲は成功いたしました、おめでとうございます。お疲れさまでした、解散します」では「何となくもったいないな」という気分が強くなって、事務所でも議論になったのです。九・一一の十日くらい前のことだったと思います。

「じゃあ、座り込みでもやるか」「いやー、椅子や横断幕を車で運ぶというのもシンドイな」「いっそのことテントを張っちゃおうか?」ということで、若干の議論のあとテントを張ることが決まってしまったわけです。私は辺野古のテントはもちろんですが、四月にできた博多のテントにも玄海原発再稼働反対集会で玄海に行った帰りに寄っていますから、まるで知らないわけじゃないのでしたが、この時はそういうテントについてほとんど思い出してはいませんでした。ただ建てるとしたら、多少記憶のある三角形の空き地しかないだろう、ここなら素早く建ててしまえばこっちのものだ、と感じていました。基本方向が決まれば、あとは具体的準備で、とんとん拍子で進みました。

ただこのテントの意義などについては、必ずしも十分に議論なされたわけではなく、面白そうだ、わくわくするような気分が前提となって、「常にそこに在る」ということの意義などを少しずつ見出していったわけです。

## ●テントは最初レンタルだった

テントを建てると決めた時は、今言ったように必ずしも全面的な意義や見通しといったものをもってはいなかったというのが正直なところです。阻止の会も財政は潤沢というわけでもなかったし、そういう意味では一週間か十日持てばよい、だからテントはレンタルで十分ということでした。私は何度も建てたことはあるが、そもそもテントの値段ということについては何も知らないし、しかも時間的余裕が余りない、といったことで、イベント屋に直ぐに連絡して、七日〜十日の契約でレンタルをすることになったのです。あとから十五万円くらいで新品を購入できることがわかったのですが。

## ●筋を通す

私たちの運動は阻止の会・東日本大震災緊急支援市民会議・さようなら原発一〇〇〇万人アクションという大枠の中にありましたが、九月一一日に独自な行動としてのテントを建てるということは「福島原発事故緊急会議」との関係が生ずることになります。先ほどもいったように、あくまでも九・一一の行動は「福島原発事故緊急会議」の主催で行われるもので、最低限のこととして事前にわれわれが「これこれでテントを建てますが、できたらご協力ください」とでも断りを入れていればよいわけですが、戦術問題としてこれを公然化はできません。だから、三日くらい前に行われた会議には、阻止の会として「九・一一そのものについての若干の提案」という文章を提出しています。

そこでは最後に遠回しに「本当に日曜の昼間、周囲に人気のない経産省を一万人が包囲するならそれだけでもかなりのインパクトを持つと考えられます。しかしそうではない条件のもとで、イベント的にはいろいろ工夫するのは前提としても、要請文を手渡すなど約一時間ほど経産省を包囲してスンナリと解散では、いかにも場慣れした形式だけに終わってしまうのではないでしょうか」(「九・一一そのものについての若干の提案」＝一一年九・一一に向けた意見)と言っていますが、これだけじゃやはり何をいってるのかはっきりしません。本来ならもっと具体的に、皆に提案をして、皆でやりたいと思うわけですが、他方で「絶対テントを建てる」という具体的目標があるわけで、事前に漏れてしまえばオシャカになってしまうという危惧がありますから、とても言えなかったわけです。

ですから、テントを建てる作業は、「福島原発事故緊急会議」としての行動が全て終了したその直後に行うということで臨んだのです。そうしなければ、「福島原発事故緊急会議」にも義理がたたない。だから、その時がくるのをじっと我慢しつつ待っている、包囲自体はもう上の空という感じでしたが。

## ●テントを建てた時の現場状況

一般に諸運動の中には見解の相違というものが必ずあります。相手の主張を理解できるが、自分の行動としては賛成できないとかいろいろですが、相手が何を考えているかも分からないという場合だってあります。こういうとき大事なのは義理ないしは筋を通すということです。

ですから包囲が大成功して、四時四五分ころ終了した、それまではこちらの行動は、この包囲行動が成功を収めるまでは、「それなりの制限を受けざるを得ない」というのが筋を通すということなのです。

その直後に、予め用意してあった機材を車から降ろして作業にかかったわけですが、まだ大勢の人たちが現場に残っているわけです。「これからテントを建てます!」と宣言をすると、「テントを建てるんだってさ」「どこに?」「ここに」「へえーっ?」といった調子で、大勢の人たちが、恐らくよく分からないまま手伝ってくれました。そういうなかに、経験のある人がいて、この人がいなかったらもう少し時間がかかったかと思います。もちろん阻止の会が中心なのですが、私以外はほとんどがそういう経験がありませんでした。だいたい十分から十五分くらいで、幾つかの椅子やテーブルの搬入なども含めて建て終わってしまいました。

経産省包囲ということで、丸の内署の警官も十数名は近所にいたと思いますが、若干の抵抗もあったかも知れませんが、基本的には彼らはあっけにとられてただ眺めていた、というところです。自分たち自身もあまり簡単にいっちゃったので狐につままれた感覚もあったのだから、警察官があっけにとられたような対応だったのを、上司の方が攻めるようなことを言ってはいけません。

## ●テント設立直後の展開

経産省との最初のころの遣り取りについては、『生命たちの悲鳴が聞える』（社会評論社）にはほとんど触れられていないので、少し長くなるかも知れませんが、お話ししたいと思います。

テントを無事建て終わると、何となく自分の新築の家を建てたような気分で、もう夕方でもあるわけで、ビールでも飲もうかということになって、そこにいた十数人で乾杯。そうこうしてるうちに、丸の内署の警備課長とやらが、「経産省がちょっと話がしたいというので、ご足労いただけませんか」とかなり丁寧な対応でした。私がたまたま入口の近くにいたものですから、「じゃ、私が行ってくる」ということで、警備課長に案内されて、経産省の地下の警備室に行きました。

そこにはすでに、明日（九月一二日）から正門前でハンストをやるんだという若者の代表がいて、警備課と盛んに遣り取りをしているところでした。

若者は、先日の「福島原発事故緊急会議」の会議にも来ていて、正門前で十日間ハンストをやりたいということでした。もっとも、われわれに対しては多少の警戒心もあるようで、無理には共闘しないということが阿吽の呼吸で伝わってきていました（もちろん公式の会議場での遣り取りではありません）。

若者の方は、どういう形でいつから交渉をしているのか分かりませんでしたが、正面玄関前の敷地内でハンストをやりたいので「その場所を貸せ、許可をしろ」と迫っているわけです。私の方は知らん顔で、その成り行きを見守っている感じです。もともと非常に難しい要求なのですから、同じような遣り取りが続いて、結局なぜ貸せないのかということでは、「省の管理規程でできない」「じゃあその管理規程を見せろ」「見せるが、コピーはできない」といった具合です。日曜日で経産省も警備課しかおらず、手薄な状態で警備課だけの判断で応じているようでしたが、いっこうに埒があかない。それで、「コピーくらい渡してもいいじゃないか、機密文書でもあるまいし」と少し介入をしたりしました。そのうち、丸の内署が「敷地外の路上でのハンストだったら大目にみる」といったことを言い出した。私もこれが「落としどころかな」と思いました。

それで、私の方は一時間以上も待たされていて、若者の方が正式に落着しないまま、私の方の問題になったのですが、実に簡単な成り行きでした。こちらは内容的な折り合いが簡単につくとは思っていませんから、まずは「お話というのはどういうことですか」というところから始まって、

「経産省の敷地ですから、テントを撤去してもらえないか」「まあ分からなくもないが、皆で苦労して建てたものですから、いまここで『左様でございますか、分かりました。撤去いたします』等とはとても言えません。正式にはいま覗ったばかりですから、その旨、みんなに伝え、徹夜ででも検討します」「じゃあ明日の朝○○時にでも覗います」ということでおしまい。

この遣り取りで、強く感じたのは、若者たちとわれわれとの立場の違いです。若者たちは、ハンストの場所をこれから敷地内に確保しようと経産省とやり合っており、省側は一歩も引かない構えでその要求を拒否している、拒否していればよいという立場です。われわれの方は、既にテントを敷地内に建ててしまっており、陣地戦としては戦線を優位にしている、ということです。

若者の方にも気にはなりましたが、あれこれと頑張っているのだし、私は私で、いい加減草臥れてもいたし、早くビールを飲みたい、ということでさっさと切り上げました。テントに戻って、一定の報告をし、「ということですから、どうしましょうか。撤去はしない、それでよろしいですね」で、あとは飲み明かすか、といった調子でした。その晩テントに泊まった人は十人くらいで、阻止の会以外の人もいたと思いますが、お名前を確認するというのも何となく抵抗もありました。そういうものなのです。テントを建てるということに互いに協力したわけで、それ以上の詮索を必要としなかったんです。夜の十一時ころ訪ねてきた、ちょっと風変わりな女性もいて、あれこれ話をしながら明け方まで、テントの前の路上で座りこんで飲みながら話をしていました。話というのは原発の話は一割くらいで、ほとんどはとりとめもない世間話。名前も知らない状態でしたが、ウマが合ったのかも知れません。

この日の出来事を改めて考えて見ると面白いのは、この日は日曜日の夕方というタイミングでもありましたが、当時の経産大臣ですが、鉢呂吉雄で北海道出身なんですが、これが、第二次菅内閣で海江田に代わって就任して間もなく、不用意発言（セシウム怖いぞ発言）で馘になるさわぎで、藤村修という人が臨時代理ということで、経産省としても混乱の極地にあった。枝野幸男が正式に経産大臣になるのは九月一二日です。経産省側が一歩立ち遅れる混乱が、歴史の一コマとしてあったんですね。私たちは殆ど何も感じていなかったのですが。

### ●国有地借用の要望書を出す

一一日の当日、新宿でも脱原発でデモ行進が行われ、一一人の若者が逮捕された事件で東京地裁に抗議をするという行動が翌日の朝あったのですが、東京地裁は直近ですから、それを終えて九時か十時頃か、忘れてしまいましたが、経産省側との二度目の面会が行われました。向こうからテント前に来たのですが、当然、皆も一緒です。私の方は、「昨夜一晩、皆で検討しましたが、テントは撤去しないことになりました」と伝えるだけでした。

すると「そこを何とかなりませんか」というので、「じゃ、もう一晩考えてみましょうか」ということで、また翌日テントの前で話をすることになったのですが、その三回目は結論は同じだが、「正式にここを借りる申請をしたい」と言ってしまったのです。このことはテントの会議とかで何も議論もしていないのですけど。すると省側は「そうならそうで、申請書を出して下さい」と言う。私は「しめた！」と思いましたね。

テントにはパソコンはなかったから、慌てて議員会館に行って、ある議員秘書さんと相談しながら、形式とかについては、何も分かっていなかったので「要望書」という名称の文書を作ったのです。

形式なんか完全に無視したもので、「（前略）私どもは今回の大事故に鑑みて安易な再稼働は絶対に許されないと思います。つきましては経済産業大臣に私どもの考えをお伝えし、同時に経済産業省内外に訴えるために、同敷地の北西部分の三角地帯をそうした訴えの場所として、九月一三日より五十日間（一一月一一日まで）使用許可を出していただくよう、お願い申し上げます。目下のところ経済産業省の警備担当の方々は管理規程を楯にとって非常にかたくなな態度をとって使用許可されていません。そもそも国有地であり、かかる重要問題で私たちのごくありふれた、しかし切実な要請を聞き入れていただいても、何ら支障は起こらないものと存じます。（中略）使用許可をいただけないのであれば、せめて黙認いただければ幸いです。私たちのささやかな要望を是非ともお聞き届けくださいますよう、切にお願い申し上げます」といった具合で、ともかく、省側はこれを受け取ったわけです。

まあ要望書と書いてあるから要望書には違いないが、経産省の役人は「何だ。これは？」と半ば吃驚、半ばアキレて、大笑いしたかもしれませんね。こっちは一生懸命書いたものなんですが。暫くするとキチンと形式に則った申請書を書いて出してくれ、と用紙などもってきてくれたのです。あゝそうですか、ということで一応ちゃんとしたものを書き直して出しましたけど。要望書の方は返してもらえませんでした。おまけに、この要望書ですが、テント裁判の際、国側の証拠として提出されました。公式文書として、まあちょっとお恥ずかしいものが残ってしまうことになったわけです。

そんなわけで少なくともわれわれは使用許可申請を出し、省側は事実上これを受理したという形になった。これはわれわれの方にとっては、当面の事態をある程度見通せる形で落ち着かせるということになった。この使用許可申請を巡って最終決着は二〇一三年の三月まで持ち越されることになったわけです。このような対応になったのには、いろんな評価があり得るのですが、否定し難い脱原発運動の趨勢と民主党政権ということがからんでいるわけで、単純に権力による強制排除に踏み切らせない何か、『生命たちの悲鳴が聞える』では原発と事故に対する後ろめたさと言っているけれど、そういう力が働いていたと思われます。

## ●ただ今、交渉中

スケジュール闘争は一過性、あるいは一時点の問題であって、従来の第何次闘争として波状的に展開されるスケジュール闘争一般が悪いわけではないにしても、金曜行動は従来のスケジュール闘争スタイルを越えています。それは、そこに行けば、誰かがいるからという形態でもあるから、従来の動員型とも違う。最後に触れたすれすれの問題というのも、許可申請を出したとか、それを受け取った当局が審議しているとか、それを交渉といって引き延ばすのは「不法占拠」があたかも合法化されていくプロセスになっているのかもしれない。「当面の事態をある程度見通せる形で落ち着かせるということになった」と申し上げましたが、その間は実力で排除するには、国側の手が縛られるという事情にも繋がってくる。そういう意味では巧みな戦術となったのではないか。

経産省の側でも、不法占拠が合法化されていくなんてことはとても認められないはずだが、強引に排除すれば、大きな反発を食らうというような、一種の後ろめたさ、原子力政策とその失敗としての大事故に関する後ろめたさがあったと思う。だから、最初に彼らが交渉したいといってきたのは何とか穏当にその場を収めたいという表れであったと思います。一日目の夜が、テントにとっての重要な分かれ目になったのかもしれない。

## 第三節　テントの日常

こうやってテントが霞ヶ関二丁目の交差点（住所的には一丁目）付近に建ち続けることになったのです。

テントを建てたのは確かに「9条改憲阻止の会」で、当初その代金も阻止の会が負担していたのですが、先ほど言ったように、初めからこのテントは皆で建てたという印象は相当に強いものがあって、「テントは皆のもの」ということがごく自然に確認されています。だから、テントの購入代金等は、テントに集まったカンパで出していただくことにもなりました。また経産省との交渉が始まって、使用申請を出すというようなことになったのですが、テントがリースであるとなると費用が割高になってしまうことや、権力との攻防で面倒な条件を抱えることになるという判断から、買い取るということを決めたりしました。リース代金が一五万、買取代金が一五万、合計三〇万円を超える買物でえらく高いものになりましたけれども。新品は約一五万円ほどで購入できるのでした。

## ●福島の女性たちの登場と合流

九月二〇日頃だったと思うが、北海道のシャット泊のIさんから、「そこに行って座り込みをしていいか」という連絡があった。彼女は非常に優れた活動家で、九・一九の準備過程でちょっと知り合いになっていて、私の方からは経産省前にテントをつくったという簡単な話をし、名刺の交換をしていただけですが、その時かなりの関心を示してもらったが、まさかこういう展開になるとは思ってもいなかった。電話があった時は「福島の女たち」の佐藤幸子さんらとニューヨークに同行した時かも知れない。その彼女が「私たちが行って座り込みをやってもよいでしょうか」ということでした。「そりゃあ全くかまいませんよ。もっとも、私たちも経産省の店子のようなもので、店子がいいとか悪いとか言える立場じゃないのですが」ということで大笑いでしたね。

次いで九月二五日、佐藤幸子さんがニューヨーク国連抗議行動の帰途、成田からテントに寄ってくれて、テント前での記者会見を行い、一〇月二七日から福島の女性たちが、ここに来て座り込みをやると発表した。これ以降がテントの第二段階になると思いますが、第二、第三のテントが敷地内に建てられることになりました。

この福島の女たちのテントへの合流と此処を拠点とする三〜一〇日間の活動に対して、テントは真摯に対応し、絶対前に出すぎるようなことはしなかったつもりですが、互いに信頼できるという か、分かりあえるという関係が生まれてきたと思います。

予定通り一〇月二七日〜二九日「原発いらない福島の女たち〜一〇〇人の座り込み〜」が行われ、続いて「全国の女性たち」が集まって運動を継続するという形でテント前は大いに盛り上がりました。その頃まで私は「原発いらない福島の女たち」という組織そのものについてはほとんど知らないままで、のちに『生命たちの悲鳴が聞える』で、黒田節子さんが「あれ（テント前一〇〇人の座り込み）が大成功して、はなばなしくデビューした」と言っているのを聞いて、ああそうかと、初めて分かったという次第です。

一応一一月五日に彼女たちの行動は打ち上げとなるのですが、その流れで再会を約したり、最低でも一カ月一回くらいは東京に出てきて抗議行動をやりたいとか言われたのですが、一二月からは椎名千恵子さんが中心になって、今度は「未来を孕む女たちのとつきとおかのテントひろば行動」が開始されるという展開となりました。

この「原発いらない福島の女たち」の取組は、正式名称はこういうのですが、テントにとっても非常に重要なカンフル剤にもなっています。というのは、テントをつくって一カ月もするとある種のマンネリ化が始まっているわけです。これは多かれ少なかれある程度は避けられないことで、こういうときにはとかくつまらないことに神経が反応してしまう。当時も何やら抱え込んでいましたし、右翼の襲撃、彼らの言い分は「国有地の不法占拠を国が排除しないなら俺たちがやるぞ」ということなのですが、そういうことも含めて「福島の女たちがテントに来る」ということで、テントは改めて活性化したのです。

## ●再度の人間の鎖

その後三・一一事故の月命日というか一一月一一日に再度の経産省包囲行動が行われました。ものすごい雨が降ったりしたが、「制服向上委員会」などにも来てもらって大成功でした。テントの客観的存在が内外に確認されるということになったわけだが、たまたまその一一日が、経産省に出した要望書の申請の使用期間の最終日でしたが、私はそんなことまったく忘れていました。その一一日の夜はテントに泊まっていましたが、一二日早朝になってほとんど知らないうちにテントがバリカーで囲われてしまっていた。何とも大人気ないというか、われわれの方は寝ぼけ眼で「あれまあ」という感じだった。そういえば使用期間は一一月一一日までという要望書だったと思い出したり。経産省側は、一一月一一日までだったのに、なぜ挨拶もせずに居座っているのかと怒り心頭になってバリカーということになったのかな、と思わず笑ってしまった。

「国有地、関係者以外立ち入り禁止」と書いた紙をパウチにしてぶら下げてあるブリキのものはその後強化されたものだけど。われわれは「(自分たちは)関係者なのかなあ?」とかでまた笑ってしまう。

こうしたことにも、抗議文などを出して対応したが、それ以上の格別な動きはなかった。経産省の警備課は毎日朝、必ず警告に来て写真を撮っていくのですが、それも日常茶飯事のことになってしまう。こうしてテントは最初の年末年始を迎えることになる。紅白歌合戦とか餅付きとかマラソン大会とか皆で企画を出し合って、正月らしい一時を過ごすわけだ。これも毎年続いている。四国のNさんは国労の人だが、国労の首切りとも関連して経産省をぐるっと回る正月マラソンにいつも参加してもらっている。つまりテントはこういった脱原発を追求する多少なりともアクティブな人々の交流の場にもなった。

### ●二〇一二年一月二四日の退去命令

テントは運営委員会などを開きながら毎日スケジュールを決めて二四時間体制で、常に誰かが居るという状態をつくったわけです。そうすることで、内部、いわばテント関係者そのものの日常生活が始まっていくわけです。どういうことか。特に泊り番の人を中心に、決してきれいごとだけではない実際の生活が営まれていくのです。朝起きる、食事をする、夜あまり寝られないので昼寝をする、昼寝はしなくても、食ったら排泄する、一杯飲む、音楽を聴く、自分で歌うなど文化もくっついてくる。個人の趣味の問題までありとあらゆる問題、つまり全てのものが顕れてくる。私にはこうした問題が顕れてくることを予測はできましたが、適当な対処方法については分かっておらず、若干の危惧を感じていました。

いわゆる私的な個人の生活と公共的なテント運動の矛盾でもあります。どちらがどっちに合わせるのか、あるいは程よく融合するのかと言っても良いかと思います。そして、先ほど申し上げたテントの意義というようなことで、テントという共同のひろば、公共的空間として維持することが優先されるわけで、例えば「テントの中では夕方五時までは酒を飲んではならない」とか「禁煙」とかは決めることになったのです。これ以外の決まりというものは、かなり難しいので公式には何もありませんが。

そんなわけで、テントの日常生活にメリハリをつけることも重要で、朝の掃除だとか、お月見だとか正月行事もそういう意味で欠かせなくなっていくのです。例えば正月用の松飾りはある女性の職人さんが突然やってきて、黙々と飾り付けをつくって（もちろん私たちも了解済みですが）、多くを語らずに帰ってしまうというようなことも起きてくるのでした。餅付きは今年も行われました。

そうこうしているうちに、二〇一二年の一月二四日だったが、経産省から「退去命令」の文書がテントに届けられました。一月二七日午後五時までに退去しろ、ということで、こちらの結論は、もちろん「退去しない」ということです。その期限である一月二七日には大勢の人たちが心配して集まってくれて、抗議行動を行いました。

そこで「政府が、原発の再稼働はしない、原発は止める」と責任ある意思表示をするならば「テントを撤去する」と初めて退去・撤去について触れました。要するに、経産省からの命令を一蹴したわけです、危機感は当然ありましたが、牧歌的雰囲気もあったと思いますね。

実際的な判断は、退去しなかった場合、強制撤去があるかということなのですが、もちろんどうなるかは分からなかったのですが。結果として、その後、直接の動きは何もなかったのです。枝野経産大臣も、二月二一日の会見で「この前言ったように、引き続き自主的に退去を願いたい」と言っただけです。

## ●原発立地の抗議行動へのバスツアー

原発立地への抗議行動でバスツアー等も企画されました。先に言ったように、福島のハンカチパレードに参加したのが最初でした。二〇一二年～二〇一三年にかけて、伊方原発、柏崎・刈羽原発、東海（第二）、大飯、川内原発などです。

原発立地の闘いへの切実な呼びかけがあります。原発立地では大変な孤立感で闘っているわけでして、だからといって、個人が高額の交通費や宿泊代を使って遠くまで出かけるというのは、簡単ではない。その時の状況にもよるわけですが、基本的な発想は、テントにはカンパがそれなりに入ってくるのですが、それを貯めているだけでは全くナンセンスで、現地の重要な闘いに、テントとして若干の交通費支援などをして、できるだけ多くの人たちに現地に行って貰いたいと願ったからです。そういうことをテントを訪ねてくる人たちに呼びかけるわけですから、案外簡単に人を募集することもできたわけです。今度は大飯の闘いで何時からいつまで、スケジュールはこの通りというような形で提案をして。中にはそのバスには乗れないが、宿泊だけはしたいとかあるのですが、何とか調整もして進めることになります。

陸続きの場合はバスでもいいわけですが、時間にそれほど余裕はないですから、伊方や川内は飛行機ということになりました。

一番大きな規模は「大飯原発再稼働反対」でバス六台で行きました。このときは首都圏反原発連合などにも一台分を占めてもらったりして随分盛り上がりました。こういう行動は少なくとも現地には多少の激励になったと思いたいところです。そしてバスツアーは、テントが脱原発運動のひとつの拠点として原発立地の闘いに具体的に連帯する役割も果たせたのだろうと思うところです。

## ●テント設立後の改憲阻止の会との関係

テントは現場的には本当に共同して建てたというのが実感です。その後、テントが建ってから数週間後だと思いますが、あるいは一〇月に入っていた頃だったか、ある右翼と、Kさんということにしておくが、そのKさんとテントの中で差しで話すこととなったのだが、この時、ともかく話をしたいということだったし、じゃあせっかくだからゆっくり落ち着いて話そうということで、第三者は絶対に口を挟むなという形で話をした。こういうとき第三者がそれが味方であってもつまらないヤジをいれたりというのは絶対避けるべきです。Kさんのお付きの人もいたのだけれど、テントの中はやはり、こちらの方が圧倒的に有利な条件なので、こういう配慮は公正さを保つうえで必要なことです。もちろん公開でやるわけ。

私「原発事故はけしからんじゃないか、東電とその監督官庁は責任をとるべきだ」
K「それはそうだ」
私「そうなのか」
K「原発事故で皇土が汚染された」
私「皇土とは何か」
K「天皇の土地だ」
私「皇土については理解できないが、原発とその事故はけしからんということではぴったし一致している」
K「テントは不法占拠で違法だ」
私「確かにそうかもしれないが、現在は誰も責任をとらない無法状態ではないか。あなた方も大音響で宣伝カーを動かしたりしているではないか。それは私らにとってははなはだ迷惑なことだ」
K「それはわれわれの権利だ」

私「私らは少々不法であっても命懸けで闘っている。原発反対ならあなた方もテント張って頑張るべきじゃないか」
K「そんなことはしない」
私「つまり見解の相違ということだろうが、そこは理解してほしい」
K「……しかしそのことと改憲阻止とか沖縄は関係ないじゃないか」
私「そうか、見解の相違はあるが、それはもっともなことかもしれない、そういうものをここから撤去することに反対はしない」

というようなやりとりなのだが、「わかった、わかった」ということで阻止の会の幟などは撤去することになった。このような判断は私の勝手な独断専行だったことになる。これもギリギリの決断だった。そしてそのような判断は当面の運動を進めていくに当たって必要なことだったと思う。

このころは、完全にシングルイシューということ——これ以外に纏まりようがないのだから——と関係者全員のテントという観点が、旨く説明できたかどうか分からないが、私としては固まっていた。

ということで阻止の会はテントに関しては組織的には後退していくことになった。私からするとテントは全く新しく生まれたテント、生まれたとたんに生まれ変わったというべきか、阻止の会はあくまでも9条改憲阻止の会であって、阻止の会がどう闘うかということとテント自身がどう闘うかは、両方のメンバーであっても別の問題だ、そういう運動におけるケジメはどんな場合でも絶対的に必要だ、と確信しています。これが分からなければ大衆運動などと言って欲しくはない、そういうのは単に自己満足の運動でしょう。権力やマスコミの一部はテント＝阻止の会＝過激派というレッテルを貼ろうとしたが、運動に対する一種の直感的な信頼感があって、私自身は、いずれその実態は、直接の関係者自身が理解するであろうとビクともしなかった。

### ●行政不服審査法の度し難いシステム

二〇一一年九月一三日の要望書・国有財産使用許可申請から始まった新たな経産省との関係は、同月二九日に「国有財産使用の不許可通知書」が届けられた。不許可の理由は「経産省所轄国有財産規定第一六条第一項第三号ロ及びハ並びに第四号に該当するため」とされていた。ちなみにこの第一六条をご紹介します。

経産省所轄国有財産規定第一六条　部局長は、次の各号のいずれにも該当しない場合には、法第一八条第六項の規定に基づき、その所属に属する行政財産をその用途または目的を妨げない限度において、国以外の者が使用または収益すること（以下「使用・収益」という）を許可することができる。

一　国の事務、事業の遂行に支障が生じるおそれがある場合

二　行政財産の管理上支障が生じるおそれがある場合
三　行政財産の公共性、公益性に反する次の場合
イ　公序良俗に反し、社会通念上不適当である場合
ロ　特定の個人、団体、企業の活動を行政の中立性を阻害して支援することとなる場合
ハ　右記の他、使用・収益により、公共性、公益性を損なうおそれがある場合
四　その他行政財産の用途または目的を妨げるおそれがある場合

この一六条のうち、「ロ　特定の個人、団体、企業の活動を行政の中立性を阻害して支援することとなる場合」「ハ　右記の他、使用・収益により、公共性、公益性を損なうおそれがある場合」「四　その他行政財産の用途または目的を妨げるおそれがある場合」に該当する、というわけです。

そこで、「本処分について不服がある場合には、行政不服審査法に基づき、審査請求をすることができる」という示唆もあったので、同年一〇月一九日に審査請求を行いました。経産省側の弁明書→**反論書**→裁決書→**国有財産使用許可再審査願い**→弁明書→**反論書**→裁決書（太字がテント側からのもの）という流れで、最後の裁決書（本件再審査請求は、これを棄却する）が出されたのが二〇一三年三月一九日です。この日付は二〇一三年三月一四日の東京地裁による仮処分執行と付合していますが、民事訴訟に向かう経産省側の当事者及び債務者（正清・渕上）を特定する東京地裁の仮処分決定は三月六日であって、その申請（地位保全の仮処分申請）は最後の裁決書が届けられる

以前に行われています。

行政不服審査法で非常に重要なことは、この審査が度し難いシステムで行われているということです。経産省に限りませんが、この法律は、それに基づく審査を請求するにしても、全く同じ同類の部署に申し立てることができるだけなのです。すなわち、最初の使用許可申請は「経産省大臣官房情報システム厚生課厚生企画室長」に提出し、不許可処分がその厚生企画室長から出されます。ここまでは特に何ということもないのですが、その処分を不服として審査請求をする場合、同じ大臣官房会計課長に審査請求をし、この会計課が裁決書を出すという形になっていることです。これでは、経産省の外局であるエネ庁が原発を推進し、同じ外局である安全・保安院がそれを規制するといったシステムと全く同様です。否、むしろエネ庁―保安院との関係より、経産省大臣官房内における会計課―情報システム厚生課の関係の方が遥かに濃厚な関係と言えるもので、人差し指が行った処分について中指が審査するというまさに同衾関係にあると断じられるということです。客観的立場は全く保証されていない部署が、処分を巡る公正さを「審査」するというわけです。このようなシステムは、他の省庁でも似たような形になっていると思いますが、日本の民主主義にとって由々しき制度が平気で罷り通っていることになります。行政不服審査法といっても、それを活用すべき国民のためにはほとんど役に立たないと考えてもいいのかと思うところです。それでも、大衆運動においてまるで無意味というわけではなく、活用次第である、ということでしょうか。

## ●二〇一二・七・一二再審査申請願い

今回の国有財産使用問題に関して、納得しがたいもう一つの問題があります。それは経済産業省大臣官房情報システム厚生課厚生企画室に「使用許可願い」を出し、その不許可処分に関して、同じ経済産業省の、しかも同じ大臣官房にある会計課に審査請求を出し、その会計課が裁決を下すという良識では度し難いシステムとなっていることです。経産省内における行政不服審査法ではそのように決まっているというのならそれまでのことですが、同じ省内の同じ大臣官房というところの会計課が真っ当なある程度独立した裁決ができるものなのか、はなはだ疑問です。先に指摘した原発推進の経産省と、原発を規制すべき原子力安全・保安院が同じ経済産業省の外局に位置するという構造になっておりますが、これはこれで驚くべき構造でありますが、経済産業省大臣官房情報システム厚生課厚生企画室と同会計課の関係は、残念ながら、それ以上の癒着・同衾関係にあることは容易に推定されるところです。この点での改善も考慮され、経済産業省の皆様が、多くの国民の声に耳を傾ける姿勢を取り戻すことを強く期待するものです。

## ●監視カメラ設置等について

こうした遣り取りの間、二〇一一年暮れの小火事件、一二年一月の退去命令、同年四月の集団ハンスト、青空放送、防犯カメラ設置に関する申し入れなどがありました。防犯カメラ設置問題については、東京地裁に対する二〇一三年七月三一日付の私からの意見書の一部を引用いたします。

二〇一三年七月三一日：意見書　被告　渕上　太郎

被告は、本件に関する「甲第一四号証」について下記の通り意見を述べるものである。

一　意見の趣旨：「甲第一四号証」は、違法収集証拠であるから、原告はこれを撤回すること。また訴状はこれと大いに関連しているので、訴状についても撤回するか、全面書き換えることを要求する。

二　「甲第一四号証」に関係する監視カメラ設置の経過

一）本「甲第一四号証」における調査経過には、「経済産業省本庁舎内への無断立ち入り等が発生したことから、経済産業省庁舎敷地内における安全の確保及び警備体制の強化を目的として、本件各テント周辺に監視カメラを設置した。……訴訟を提起するに当たり、その占有者の範囲及び占有状況を明らかにするため、上記監視カメラの映像を用いて、同月一〇日以降の当該敷地の占有状況等を調査した」とある。

二）しかるに、この「防犯（監視）カメラ」設置以前において、被告渕上及び他のテント関係者が確認している原告（経産省）の説明は以下の通りであった。

①二〇一二年八月の初め頃、テントに反対する男（在日特権を許さない会系統に属すると思われる）が、テント前で罵詈雑言をはいた揚げ句、テント（第一）の入口付近に、飛びけりを加えるなどの暴行を働いた。その飛びけりがあまり旨くいかず、結果として入口付近で

転倒し、本人は、かなり痛がっていたと言われ、若干の負傷をしたかも知れない。テントは一部被害を受けたものの、全体は無事であった。

②この事件の後、テント側に防犯カメラを設置するということが、原告（経産省警備）から通告された。

その際、警備は「先日のような事件を経産省として放置できない。経産省本館からカメラで監視しているが、テントの前（交差点側）はテントが陰になって撮影できないので、テント前の防犯の都合上、防犯カメラを設置する」というものであった。

もちろん、人の肖像権を侵すような「防犯カメラ設置」について、テント側が快く了解できるものではなかったので、テント側は、八月六日に「防犯カメラ設置に関する申入書」を厚生企画室に提出している。その後八月一〇日に「防犯カメラ設置に関する申入書」を無視して、写真のような「防犯カメラ」二台が設置されたものである。

三）前記のように、防犯カメラの設置は、われわれが理解している防犯カメラ設置理由説明と、原告（経産省）が「甲第一四号証」で言う「経済産業省本庁舎内への無断立ち入り等が発生したことから、経済産業省庁舎敷地内における安全の確保及び警備体制の強化を目的として」「監視カメラを設置した」とする理由とには、大きな乖離がある。

だが、このことは後に論ずるとして、監視カメラ設置の目的は、このテント付近に外部から侵入する右翼あるいは暴漢による「暴行事件」あるいは「（経産省庁舎への）無断立ち入り事件」を契機に、防犯目的に設置されたと解するべきである。

三　理由

一）しかし、「甲第一四号証」においては、「平成二四年八月一〇日」に設置したと明言しながら、いきなり「訴訟を提起するに当たり……上記監視カメラの映像を用いて、同月一〇日以降の当該敷地の占有状況等を調査した」とも明言している。そして「本件各テントを訪れたことが確実に確認できた者は、別表の通りである」とされ、その「甲第一四号証」の別表は、八月一〇日からの記録となっている。

原告自身が言う「監視カメラの映像を用いて、同月一〇日以降の当該敷地の占有状況等を調査した」こと自体が監視カメラの目的外の使用である。「甲第一四号証」及び別表は、前項（二、三）に明らかにされているように、原告が設置した監視カメラの目的外の使用によって得られた、すなわち違法収集証拠というべきものである。「訴訟を提起するに当たり」、たまたま監視カメラの映像があることに、原告が気がついたものであるとしても、目的外の使用によって得られた違法収集証拠であることに変わりはない。

二）原告は「甲第一四号証」において、「経済産業省本庁舎内への無断立ち入り等が発生したことから、経済産業省庁舎敷地内における安全の確保及び警備体制の強化を目的として」と言うが、この文脈はどのように理解されるであろうか。

「経済産業省本庁舎内への無断立ち入り等が発生したことから」と述べていることから、事の原因と問題の核心は、ここにある。従って、後段の「経済産業省庁舎敷地内における安全の確保及び警備体制の強化」は、あくまでも外部からの不法侵入者等から、経済産業省庁舎敷地内における安全の確保を図り、外部からの侵入者等に対する警備体制の強化を図るということを意味する。この場合、テント関係者は「外部からの侵入者等」には該当してはいないのも明らかである。「甲第一四号証」における原告側が述べている監視カメラ設置の目的について素直に理解すれば、このようになるのは明らかなことである。

しかし、このような理解に対して、原告は、次のような弁解をするかも知れない。辛くも「及び警備体制の強化」という文言を介入させることで、監視カメラの設置目的を拡大解釈せんとすることである。すなわち「経済産業省本庁舎内への無断立ち入り等が発生した」が、したがって「経済産業省庁舎敷地内における安全の確保」を必要とするが、それに限らず、さらには「及び警備体制の強化」とも言っていることから、「テント関係者の動静の監視」ということも、初めからその目的に入っていないとは言えない等という主張である。果たして「及び警備体制の強化」という文言を介入させることで、目的を「テント関係者の動静の監視」という所まで拡大し得るものであろうか。私には理解不能である。

しかし、このように予測し得る原告の弁解については、原告自身が監視カメラ設置に関する目的、予算措置等を含めた詳細についての省内の関係書類を開示しなければ、これ以上の検証はできない。原告は、監視カメラ設置に関する目的、予算措置等を含めた詳細についての省内の関係資料を直ちに開示するよう求める。

（以下、略）

青空放送を含めていろいろなことを試みた。

民事訴訟の提起は経産省としていつ頃から考えられ追求されてきたのかは分かりませんが（上記意見書から推定して、監視＝防犯カメラ設置の頃からとも言いうる）、結果としてかなり時間をかけて準備してきただろうと推測されます。この間、笑い話で「テント村の村長と枝野経産大臣がつるんでいるんじゃないか」などと言われたりしたが（『生命たちの悲鳴が聞える』）、しかし私たちは経産省側が民事訴訟を仕掛けてくるとは予測は出来ていなかったので、この点に関しては比較的無防備でした。二〇一三年の三月一四日の仮処分執行自体が寝耳に水。そしてこの仮処分執行で民事裁判について初めて理解するという状態でした。

経産省の訴状は二〇一三年三月二九日となっていますが、先ほども申したとおり、そのための仮処分申請は同年三月六日以前であり、再審査請求（再審査願い）に対する「裁決書」は三月一九日です。つまり最後の（再）裁決書以前に民事訴訟が進められていたということになります。

## ●テントとは何だったのか——テントが切り拓いてきたもの

第一にテントは、常時そこにあるということです。再稼働情勢のなかで、それに抗議する座り込みの場として一定期間という見込みでテントを建てたわけですが、何年間もこういう状態を続けるという見通しをもっていたわけではない。その証拠と言っては何だけれども、先にも触れたように経産省に提出した最初の要望書には「二〇一一年の一一月一一日まで」と書かれている。ということは一一月一一日に出て行くという解釈もできる――こっちの方が自然――わけですが、格別にそんなことを考えていたわけではありません。これを提出したのが九月一三日だから、テント設立から三日近く経っていたわけだけれど、何気なく一定の期間を示す必要を感じただけのことでした。

つまり、九月一一日にテントを建ててしまったという緒戦の勝利の余韻が残っていて、経産省前に脱原発のテントが建っているという意義については自分自身、当事者として十分には理解されていなかったのではないだろうかと思います。少なくともテントの存在そのものに意義を見出したのは、テントの効用といったものが非常に鮮烈に示されてきたことによります。つまり端的に言うと、反響の大きさだったと思う。それには地理的条件もあったし、その意外性にもあったのです。確かに、国会前座り込み四四日という経験もあったし、継続的にそこに在るということが非常に大きな課題であったのだけれども、やはりここは、認識は後からついてくるということの典型だったというべきでしょう。

常に在るということ、可視化されていること――それは誰にとって在るかというと脱原発を願う全ての人びとですが――の威力というか、大きな意味があって、誰もが何時でもそこに来れるということに繋がっているし、それがまた相互の交流ということにもなって、かなり重層的な連帯が形成されていったと思う。名前もよく分からない人同士だったりするが、あとで名前を聞いたりという状態なのですが、連帯の絆が自然にできていく。行政などが言い出した胡散臭い絆もあるが、こっちの方は互いに確かな手応えのあるものだったと思います。

常に存在しているということは、みんなのための公共的空間であるということで、ある意味それだけのことなのだが、運動に与える影響は非常に大きいものがあったわけです。「福島の女たち」との関係は、テントの存在ということ以外に考えようがない。そのことで、テントで「日常を過ごす」ことで一挙に距離が縮まっていく感じです。他の人々との関係も全く同じで、脱原発運動のひとつの砦というのも決してオーバーな表現ではなく、様々な個人・団体との連携・連帯に資するところのものとなった。しかし、テントが存在しなければ無。そういう存在自身が脱原発の発信基地となっている。二〇一一年テントがつくられた直後に日本に来たイタリアのジャーナリストは、「テントがない霞ヶ関なんて霞ヶ関らしくない」と言っていましたが、まさに五年近く経ってテントは霞ヶ関に溶け込んでしまった、まあ違和感がなくなったということでもあるが、これは決して積極面だけではない。積極面だけではないというのは、テントの主張・存在をさらに強く示すべきという思いなのですが。

第二に、存在していること自体が闘いなのだけれど、常時そこに在るというのは、国家権力との肉弾戦を闘うと言うよりも、またそのような一過性の闘いではなく、国家権力との日常的な対峙関係をこちらの側から創り出していることになります。座り込むという高齢者向けの穏やかな闘いであっても、また民主主義的な権利であるとして擁護するにしても、一寸の土地を既にオキュパイしているわけで、陣地戦という意味では一歩勝っていることにもなります。

多少時間のある諸個人はここに来て座り込む、ちょっと立ち寄って挨拶するだけですでに国家権力との闘いだし、そこには隠された緊張感もある。

第三に、民主主義的権利の回復というか、民主主義の実践という問題。わが国において戦後民主主義は、民衆が勝ち取ったものではなく与えられたものという視点があるが、あまりこのことを強調しない方がいいと思うけれども、テントは国民が普遍的に行使すべき、持つべき民主主義的権利やその実践の新たなあり方をつくりだしたと言えるのではないか。われわれは、原発の再稼働反対を闘ってきたわけだが、その必然的追求の結果がテントだったわけです。

さきほど「辺野古のテントや博多の青柳さんのテントを知ってはいたが、それを真似したわけではない」というように言いましたが、それはその通りなのですが、むしろ意図的に積極的に真似したほうが良かったのかも知れないと思います。

運動のスタイルといったものかも知れないが、ほとんどが数年に一回の国政選挙だけで民主主義が成り立っているなどというのは幻想で、それ以外の場面で民衆が物を言い、行動を起こす必要があるわけです。例えば署名活動や集会やデモ行進が行われるわけだが、そういう方法だけに留まっていなければならないということでもない。政治や官僚に対する意見や抗議の意志といったものを様々な機会をつくって示し、突きつけることが必要だ。止むに止まれぬこうした行動が、三・一一以降「子どもふくしま」などを中心に行われてきている。私たちの行動をあたかも常識的な、いわば「認められている」範囲に限定したり、デモ行進や集会だけに限定する必要はないし、人びとは自らに与えられた条件のもとで、ふさわしいやり方を工夫・実践していくべきだと思います。そうすることで、運動が生き生きしたものになっていくんじゃないのかなあ。テントは国有地をオキュパイしているわけだが、オキュパイ自身が民主主義だと思いますが、強大な国家権力を相手にせざるをえない要求だからこそ、この程度のオキュパイは民主主義的規範の範囲にあるものと確信しているわけです。

第四に、シングルイシューの問題があります。確かにこの世で起こる諸問題の解決は理屈の上では、共通の国家権力の問題に行き着きます。実践的にもそうなるとしてもよいのですが、ですから、わが前衛政党なるものは、ありとあらゆる要求、スローガンを並べます。様々な要求をもつ人びとの力を全部寄せ集めて、いわば統一戦線の理論上の基盤をつくって、各課題の民衆の運動をひとつの力にして国家権力に対抗しようと意図するわけです。

そして最後には、それぞれの要求は、国家権力を奪取して初めて実現していくというような理論です。前衛政党がこのように考えようとも、それはそれでよいとしても、個別の大衆運動の立場からすると事態はそれほど単純ではないし、私はそのようには思っていない。シングルイシューというのはある場面では保守的と見なされる傾向があるが、「経産省前テントは脱原発テントです」と言うことにつきるわけで、このテント自身が「脱原発かつ改憲反対」と言い出したとたん、完全な自己矛盾に陥ることになると思っています。

それぞれの大衆運動は自らの要求が唯一最大のものと考えてもおかしくはないのだから、あれもこれもまったく同一だなどとは言えないし、例えば「原発は反対だが、改憲には賛成」と言う人がいてもおかしくはないのです。こういう理論と言うか考え方は実は非常に矛盾した内容だとは思いますけれども、しかし「原発は反対だが、改憲には賛成」という議論に反撃を加えることが重要なのではなく、そのような意見を取りあえず持っている人も含めて脱原発の戦線を広げたいわけですよね。脱原発の戦線とはそれ自体が具体的な目的であってイデオロギーではありません。

ついでに誤解を恐れずに申し上げると、原発は危険だとか実際に深刻極まりない事故が現に起きた、その被害を受けたというところから始まっているわけです。その被害は労働者階級固有の問題ではない、つまり決して階級的観点から始まっているわけではない。脱原発を階級的に評価することはできるでしょうし、何方かがそういう評価をするのは一向に構いませんし、実際のところ「被曝労働」という労働者階級固有の問題もあるわけですから、階級的観点から「脱原発運動を評価して」、労働者階級の立場から階級的に位置付けて闘うことも可能だと思います。別の言い方をすると、左派的な人は、資本主義とか階級とか革命といったキーワードからすべてを説明しようとしたがるのですが、私からすると非常に気に入らないというわけです。

テントはある種の自由な空間でなければならないが、長く続けていくにはシングルイシューという観点は当面避けられないと思う。

シングルイシューの原発反対の意志や闘いの継続そのものを示すことになる。そういう場として開かれたテントが提供されている。

それからもうひとつ。三・一一以降というより七〇年代以降と言ったほうがよいが、大衆運動は、権力の様々な制約のもとで、それをかいくぐるかのような形でいろいろと工夫がなされてきたと思うのだけれど、例えば、毎週金曜日に集まるとか、サウンドデモとか、ユニークなゼッケンとかコール、誰でも入れるデモとか、デモと言わずにパレードとしたり、バス一台で参加した二〇一一年六月二六日の福島県庁前へのデモも「一万人脱原発ハンカチパレード」と呼びかけられていました。テントというやり方もそのひとつと考えてよいと思います。

サウンドデモなどは「うるさくてカナワン」という意見もあったようで全ての人に肯定的なものと受け取られたとは限らないけれど、少し古い紋切り型に見える運動スタイルを変えようという工夫で追求されてきた結果であって、そういうことを是非とも理解しないといけないと思います。「理解しなきゃいけない」と言っている限り、大衆的運動の基盤としてまだ十分成熟していない、ということかもしれませんが。

ということで今四、五点ほど申し上げましたが、さらに少し付け加えると、以上のことと関連しているんだけれど、テントは非暴力・不服従を基本にしていますが、ゲリラ闘争ともちょっと違う。民主主義的規範の範囲と言いましたが、社会的正義が主張され、その上に立っている、あくまでもそういう社会的正義という表の顔の通りにやっていくというのがテント自身の存在の根拠となっています。あるいは、あくまでも合法性スレスレの境界線上の闘いを行っているということでもあるかと思います。「テント」について、たまたま誰も思いつかなかったかも知れないが、コロンブスの卵みたいな話で、霞ヶ関のど真ん中に忽然と異物として現れたのだが、自らも正当性を付与しなければならなくなったこと、いつも必要なことなんだけれども、まあ楽しくやりましょう、といった感覚、一種の自然発生性と意識性がないまぜになっているというか、本人たちも十分に分析できていない何か。権力に立ち向かうのだけれど、目線はどっちかというと味方の側の戦線に向いているといったものかなあ……。だから合法性を目指すなんてことで、合法と非合法のすれすれの行動として位置付けられたことで、テントを長持ちさせたことにもなったといえる。例えば、経産省には国有地使用許可申請を出して、「今交渉中です」と済ましているようなことです。権力との対峙ではあるけれども、それを紋切り型で突き付けるのではなく、もっと日常的なところに引き下げて示すといったことになるのか。当たり前な国民の表現の自由、基礎的な自由を行使しているにすぎないが、政治的実情としてはスレスレのところで、解釈され実行されてきたといえます。

# 第二章

# テント裁判とテントの精神

## ●テント裁判　東京地裁判決

テント裁判の簡単な経過を申し上げると、経産省側（正式には国）が起こした民事訴訟により、二〇一三年五月二三日に東京地裁第一回口頭弁論が開かれ、二〇一五年二月二六日に地裁判決がなされ、控訴審は六月一九日に第一回口頭弁論が開かれ、さらに二日間の証人尋問が行われたものの、一〇月二六日に控訴審判決（控訴棄却）がなされ、さらに「上告棄却」の決定が翌二〇一六年七月二八日になされました（最高裁第一小法廷）。この間約三年強ですが、残念ながら敗訴という結果でした。

国・経産省側のテント撤去に関する方針は、民事訴訟に訴えるという方法だったわけですが、やはり国家権力の物理力を全面として端から撤去を強行できなかった、そのような判断はできなかったということです。

この過程で国側は、結局は原発の推進についての政治主張を一度も行ったことはありません。使用許可ではひたすら、公共性とか行政の中立性を主張するものであり、民事裁判では、経産省が所轄する土地を占有・占拠しているかどうか、誰が占有しているのかという主張になっているわけです。われわれとしては、原発問題そのものについての主張を期待したわけですが、国（経済産業省）の訴状の通りの結論が出されたわけです。

このような裁判は言うまでもなく国家権力との根本的な対立そのものであり、「国家権力の一部としての裁判所が超階級的な立場に立っているかの装いのもとで行われるものに他ならない」というのが、かつて六〇年安保、あるいは七〇年安保を闘った人々の共通のイデオロギー的立場です。ですから原理的にいえば、裁判闘争ナンセンスといった立場もあるわけですし、そうした立場からは、裁判に応じない、無視する、出廷もしないという対応を選択することも考えられます。

しかし私はそのような選択はしませんでした。国・経産省があえて売ってきた民事訴訟という喧嘩ですが、イデオロギー的立場はあるものの、この際「買ってやろうじゃないか」ということにしたのです。裁判を受けてたつという極めて普通の選択です。われわれが闘っているのはある種の観念的原理から闘っているわけではありません。原発の大事故そのものの現実から大衆的闘いの一つの場面として裁判も闘うということに他なりません。

裁判はまさに敵の土俵であって、われわれにとって公明正大ではないのは明らかですが、堂々と主張すべきは主張し、少しでもわれわれに有利な結論を引き出そうと争うことになります。したがって日本国憲法に基づいて、基本的人権や表現の自由、あるいは生存権といったものに基づく論陣を張ることになります。

とはいえ、多くの場面で原理的にかみ合わないのは当然なのです。例えば、原告側はわれわれが国有地を不法に占拠しているかどうかを論じるのに対して、われわれは日本国憲法に基づく表現の自由の行使にすぎず、このような行使に至ったのは「三・一一原発事故」にある、という主張になります。

また裁判が例えわれわれに不利に展開しているにしても、テント闘争という全体の中にしか位置付けられないということです。いたずらに裁判を長引かせるというような批判もあったかも知れませんが、戦術上の問題としてそういうことも含めてあり得ることです。

テント裁判がどのような形で進んだのか、われわれの主張はどのようなものであったか、まずはこの裁判に関する問題意識や争点について比較的よく示されているように思うので、東京地裁の第一回口頭弁論で私が述べた陳述書を紹介します。

## 第一回口頭弁論陳述書　二〇一三年五月二三日

一

（一）本日申し上げたいのは、国有地を占拠占有していると言われるテントについて、事実関係はさておき、私たちテントひろばが、なにゆえ存在するのか、なにゆえ存在し得るのかという問題です。

簡単に言えば、東京電力福島第一原発の大事故がなければ、「テント」は存在しなかったであろうし、存在する理由もなかったということです。
（二）この原発事故は史上まれにみる大事故で、国民の多数に甚大な被害をもたらしました。三月とは言え、東北の極寒のなか、原発近くの大部分の人びとは、政府行政の二転三転する避難命令により、「闇雲に」「どこかに」避難するしかありませんでした。どこまで、いつまで逃げるのか、いつ戻れるのかも全く分からないままです。着の身着のまま、ペットなども鎖につないだまま避難し、そのまま帰宅できずにペットは餓死するといった例は無数にありました。牛や馬も同様です。
事故を起こした東京電力の現場では命懸けの対応が行われていたと伝えられています。一時は、東電の上層部が「全員退避」を考えたとしても不思議ではありません。それほど深刻な事態だったのです。けれども、それはそれとして、今日まで東電の幹部が責任をとって辞任したとか刑事罰に問われたというのを聞いたことがありません。「原発事故による死者はいない」等と言う人もいますが、東電社員二名は一号機建屋で亡くなっておりますし、いわゆる関連死された人々は福島県では一二〇〇人を超えています。なぜ相馬市の酪農家Sさんが、「原発さえなければ」と書き残して自殺しなければならなかったのでしょうか。なぜ川俣町山木屋の主婦Wさんが焼身自殺しなければならなかったのでしょうか。これを問う訴訟において、東電側の代理人は「個体側の脆弱性も影響していると考えられるから、考慮した上で因果関係の有無を判断すべき」と述べています。しかし、このお二人の自殺は、原発事故が直接的に引き起こした生活の根本的な破壊によるものです。東電社長が「心からお詫び申し上げます」と頭を下げようが土下座しようが、不誠実極まりないものです。

（三）他方では「事故」についての情報は、「東電から出てくる情報」しかないという状況でした。原子力安全・保安院の記者会見においても「ただ今確認中」という言葉が目立ったほどです。その中で特徴的で重大な問題は、事故の規模や放射能の危険等について、それらを必ず過小評価する表現であったことです。政府も同様で、冷静になってほしいという呼びかけ自体は了解できるにしても、「健康に直ちに影響はない」といった発言が繰り返されました。過小評価という点では、東電とまったく同じです。われわれは、東電はもとより政府や原子力安全・保安院に対してさらに不信感を募らせることになります。

（四）要するに福島原発事故はまれにみる大事故であったにもかかわらず、誰も責任をとってはいないこと、東電も、これを監督規制する原子力安全・保安院も原子力安全委員会も、その他あれこれ責任ある組織や人びとの多くが、この大事故を前にして、自己保身と体制的な流れに身を任せており、情報を開示せず、事実に関する評価は常に過小評価という有様でした。

二

（一）私たちは、まずはさまざまな意味において抗議の意志を示さねばなりませんでした。

原発事故及びそれに対する政府や行政の対応、だんだん明らかになってくる国策としての原発政策の在り様、そしてその事故の検証もないままの再稼働の目論見に対抗して、テントを建てて抗議の意志を示す必要があったのです。ですから、テントを建てる場所は、首都圏の、霞ヶ関の、原発推進の中心としての経済産業省においてでなければならなかったのです。
（二）テントひろばは、もとより、原発事故に対する国民的な怒りの表明であり抗議の象徴でありますが、そうであるが故に、多くの国民の共同のものであります。テントは多くの国民的な支持のもとにあります。そうであるが故に二年近くにわたって存在し続けているのです。
（三）わが国は、民主主義的な国ということになっています。国民は自由に物を言い、表現することが一般には許されております。しかし事はいつでも具体的です。どのような時に、どのような場所で、いつ、どのような声や意志を示すか、具体的な問題となります。自分の所有する田舎の山奥で、旗を立てても決して効果的ではありません。
国有地とはいえ、公道に面する空き地にテントを建てて抗議の意志を表明することは、十分許される民主主義的な権利の行使にすぎないものです。私たちは国が管理している一寸した空き地にテントを建てて抗議の意志を示しているにすぎません。仮に私たちが建てなくとも、他のどなたかが止むに止まれずテントを建てて抗議の意志を表明するという可能性は大いにあることです。現に、課題は異なり沖縄の辺野古浜では三三〇〇日を超えてテントが建っておりますし、福岡の九州電力本社前には七六〇日を超えて原発に反対するテントが建っています。

こうした事情の下にある経産省前テントに対して、明け渡し請求訴訟とは、何と了見の狭い意固地な判断なのでしょうか。民主主義的三権分立の一角を担う司法当局が、その独立性を失することなく、「東電福島第一原発の事故の故に存在するテントである」ことを十分に斟酌されてご判断を賜りますよう強く期待するものであります。

最後に、国には猛省を促すとともに、司法は、このような国の訴権の濫用を戒め、速やかに申立てを却下すべきことをお願いして本日の私の陳述を終わります。

以上

## ●東京地裁第一審判決と控訴

さて第一審東京地裁判決は、次のように言います。

第一審　東京地裁判決――二〇一五年二月二六日

第三　当裁判所の判断

一　認定事実（略）

二　本件訴えが訴権の濫用に当たるか（争点（一））

（一）証拠（甲一の一から三まで、甲二、甲一七、甲一八）及び弁論の全趣旨によれば、本件土地は経済産業省の庁舎の敷地として用いられていること、本件土地の周辺には様々な行政官庁の庁舎が集中しているところ、本件土地部分は、周辺の地図を掲載した案内板や樹木が設置され、官庁等への来訪者が地図を確認したり、一時的な休憩等を行ったりする場所として供用されるとともに、上記樹木の剪定や清掃等を行うために用いられていること、本件各テントが存在することにより、上記樹木の剪定や清掃等が妨げられていること、被告らを含む本件テントの関係者がデモや記者会見等を行った際、多数の者が本件各テントの前にあふれて歩行者の通行が妨害されたことが認められる。

これらの事実及び前記一で認定した事実によれば、平成二三年一〇月二七日までに本件各テントが本件土地部分に設置され、本件訴えの提起があった平成二五年三月二九日までの約一年五カ月もの間、本件土地部分が占拠され（以後もそのような状態が継続している）その利用が阻害されていること、また、その間、火災が生ずるなど防災上の危険も生じていること、原告が本件各テントの撤去及び退去を求めても実現しなかったことが認められるから、国有財産の適正な管理のため、本件土地部分の明渡しを求めて訴訟という手段を選択することは、何ら非難されるものではない。

また、使用料相当損害金の請求についても、許可を得て国有地を使用する者も使用料を納付すべきであること（国有財産法一八条六項、一九条、二三条一項）からすれば、許可を得ずに占有している者に対して使用料相当損害金を請求することは、何ら不当なことではない。

（二）被告らは、本件訴えの提起が、原告の原子力発電政策についての意見表明を妨害する意図によるものであると主張する。しかし、そのような意図を認めるに足りる証拠はなく、本件訴えが提起されても、その他の意見表明の手段は何ら阻害されるものではない。また、被告らは、本件訴訟において原告が原子力発電政策を意図的に問題としていないと主張する。しかし、原告が所有権に基づく本件土地部分の明渡しと被告らの占有を理由とする損害賠償を求めるうえで、原子力発電政策の是非等を問題とする必要はない。

（三）したがって、本件訴えが訴権の濫用に当たると認めることはできない。

三　本件訴訟が固有必要的共同訴訟に当たるか（争点（二））

被告ら及び参加人らは、仮に、被告らに本件土地部分の占有があるとしても、参加人らと被告らとの間で、民法上の組合契約が明示的または黙示的に締結されたというべきであり、本件各テントは組合財産であるところ、組合財産の処分を求める場合には、組合員全員を相手にしなければならないから、本件訴訟は固有必要的共同訴訟に当たると主張する。しかし、参加人らと被告らとの間で組合契約が締結されたことをうかがわせる証拠はないうえ、土地を不法占有する組合員に対してその明渡し及び損害賠償を求める訴訟が固有必要的共同訴訟になるものではないから、被告ら及び参加人らの主張は採用できない。

四　本件土地部分を被告らが占有しているか（争点（三））

（一）前記認定事実によれば、平成二三年九月一一日に設置された第一テントについて、同月一三日、被告正清が「９条改憲阻止の会」の共同代表との肩書で本件申請を行ったこと、一〇月二〇日、第二テントが設置され、被告渕上が代表を務める「経産省前テントひろば」が同日付で審査請求に関する地位を承継したとの届出書が提出され、また、同月二七日、第三テントが設置された後も、本件各テントについて、被告正清は被告渕上と共に経済産業省に種々の要求を行っていること、被告正清が本件各テントの防火総責任者になる旨申し出ていること、本件仮処分の執行時に第一テントにいた参加人嶋田悦司が「９条改憲阻止の会」及び「経産省前テントひろば」が使用しているということでよいと思うと陳述していることと、以上の事実が認められ、「９条改憲阻止の会」が法人や権利能力のない社団に当たらない（当事者間に争いがない）ことからすれば、その代表を名乗る被告正清は、本件各テントによって、本件土地部分を占有していると認められる。

また、被告渕上についても、上記認定事実に加えて、被告渕上が平成二四年七月一二日に提出した確認書には、被告渕上が代表者を名乗る「経産省前テントひろば」が第一テント及び第二テントを所有していること並びに第三テントが「経産省前テントひろば」の管理下にあることが記載されていること、「経産省前テントひろば」が法人や権利能力のない社団に当たらない（当事者間に争いがない）ことからすれば、被告渕上は、平成二三年一〇月二七日以降、本件各テントによって、本件土地部分を被告正清と共同で占有しているものと認められる。

（二）ア　被告ら及び参加人らは、本件各テントを設置したのは参加人らであると主張する。しかし、仮に、本件各テントを現実に設置したのが参加人らであったとしても、そのことは、被告らが本件土地部分を占有しているとの上記判断を左右するものではない。

イ　証拠（乙一六から五三まで）によれば、参加人らは、平成二六年一月三〇日、経済産業省大臣官房情報システム厚生課厚生企画室長宛てに、本件土地部分についての国有財産使用許可申請書を提出した事実が認められる。

そして、被告らは、この事実から、参加人らが本件土地部分を占有していると主張する。しかし、上記認定のとおり、本件申請及び本件審査請求などは被告らの名義で行われており、参加人らは、本件各テントの設置当初、これらを一切行っていないにもかかわらず、平成二五年三月一四日、被告らを占有者として本件仮処分が執行された後、上記使用許可申請書を提出したとの事実経過からすれば、本件仮処分執行時までに参加人らが本件土地部分を占有していたということはできない。また、仮に、参加人らが本件土地部分を占有していたとしても、そのことから直ちに被告らが本件土地部分を占有していないということになるわけでもない。

ウ　したがって、被告ら及び参加人らの上記各主張は、いずれも採用することができない。

五　本件土地部分の占有権原があるか（争点（四））

被告ら及び参加人らは、本件各テントは憲法上の権利の行使として設置されたものであるから、正当な占有権原があると主張するので、検討する。

（一）被告ら及び参加人らは、本件各テントを設置することが原子力発電政策についての請願権の行使であると主張する。

しかし、請願は、請願の事項を所管する官公署に請願書を提出してしなければならないとされているのであって（請願法二条、三条一項前段）、国有地上にテントを設置して占有を継続する行為が請願権の行使に当たると見ることはできない。

（二）被告ら及び参加人らは、本件各テントを設置し、そこに集合することは、脱原子力発電の思想を表現するものであって、表現の自由の行使であると主張する。

しかし、証拠（甲一の三、甲二、甲三、甲一八）によれば、被告らは、平成二三年九月一一日から現在に至るまで本件各テントによって本件土地部分を占有していること、本件各テントは、本件土地部分のかなりの部分を占めること、本件各テントにより、一般の歩行者が休憩等のために本件土地部分に立ち入ることができなくなっていること、同年一二月三〇日には、本件各テント付近で火災が発生したことが認められる。

そして、これらの事実によれば、本件各テントの設置により、本件土地部分が排他的かつ長期間にわたって占有され、その用途が害されていることや、火災が生ずるなど防災上看過し得ない事態が発生していることが認められるのであるから、本件各テントを設置することに表現の自由の行使としての側面があるとしても、そのことから本件土地部分の占有権原が認められるということはできない。

(三) 被告ら及び参加人らは、本件原発事故によって多くの国民が幸福追求権及び生存権を侵害される事態が生じているにもかかわらず、原子力発電所の再稼働を行おうとする経済産業省に対する抗議のために本件各テントが設置されたのであり、幸福追求権及び生存権の行使であると主張する。

しかし、本件各テントを設置して経済産業省に対する抗議活動を行うことが幸福追求権及び生存権の行使であると認めることはできない。

(四) また、被告ら及び参加人らは、本件各テントを設置することが抵抗権の行使であると主張する。しかし、本件の事実関係の下では、本件土地部分を占有することが抵抗権の行使として正当化されると認めることはできない。

六　正当行為（争点（五））

被告らは、本件原発事故により、国民の幸福追求権および生存権が侵害される事態が生じているにもかかわらず、これについて有効な措置を講ずることなく原子力発電所の再稼働を行おうとする経済産業省の行為は不法行為であり、本件各テントを設置して本件土地部分を占有することは、上記不法行為から国民の生命、健康、財産を防衛するため、やむを得ずした行為であるから、民法七二〇条一項に照らして正当行為というべきものであると主張する。これは、本件土地部分を占有することが正当防衛に当たるとの主張であると解される。

しかし、被告らの主張する不法行為から国民の生命、健康、財産を防衛することと、本件各テントを設置して本件土地部分を占有することとは、直接には結びつかないのであって、やむを得ずした行為ということはできないから、正当防衛が成立するとはいえない。

七　権利の濫用（争点（六））

被告らは、本件土地部分はポケットパークであり、本件各テントが存在することによって原告の事務は何ら障害されていないから、明渡しや損害賠償を求めることは、権利の濫用であると主張する。

しかし、二で説示したのと同様の理由により、明渡しや損害賠償を求めることが権利の濫用に当たるということはできない。

八　損害（争点（七））（略）

九　参加人らの参加の可否（争点（八））

（一）独立当事者参加について

参加人らは、主位的に、訴訟の目的の全部または一部が自己の権利であると主張して、独立当事者参加の申出をする。

しかし、原告の被告らに対する請求は、所有権に基づく本件土地部分の明渡しと不法行為に基づく損害賠償である。他方、参加人らは、原告に対し、参加人らが本件土地部分を占有する権原があることの確認と、占有権に基づく妨害の停止として本件金属製看板等の撤去及び不法行為に基づく損害賠償を求めているが、これらはいずれも、原告の被告らに対する請求権の全部または一部が参加人らの権利であることを主張するものではない。

したがって、民事訴訟法四七条一項に基づく独立当事者参加の申し出は、不適法である。

（二）共同訴訟参加について

参加人らは、予備的に、本件訴訟は固有必要的共同訴訟であると主張して、共同訴訟参加の申出をする。

しかし、本件訴訟が固有必要的共同訴訟であるといえないことは前記説示のとおりである。

したがって、民事訴訟法五二条に基づく共同訴訟参加の申出も、不適法である。

（以下略）

この地裁判決後一定の議論がありましたが、ある程度常識的に控訴を決定しました。控訴に反対するという意見もあったようですが、地裁判決には「仮執行」も付いていたので、第一審判決を不服とする以上、当たり前のこととして三月三日に控訴及び仮執行の停止申立を行うことになりました。その結果、仮執行停止となり、五〇〇万円の保証金が必要となりました。快く立て替えていただける方もいて、一時的な借用金でこれを賄うことにもなりました（後にテントのカンパ等により利息無しで返済をいたしました）。

高裁第二回口頭弁論で私は、この裁判の纏めのようなものとしてかなり長文の陳述書を提出しております（『9条改憲阻止の会　10年の歩み（世界書院）』に全文掲載）が、その一部をご紹介致します。

## 東京高裁第二回口頭弁論陳述書　第三部の第四

訴状及び一審判決の思考方法の誤り＜陳述書の日付は七月一七日であるが、東京高裁第二回口頭弁論の日付は七月二一日＞

一　さて、一審判決は私たちの政治的行為について、憲法で保障された「請願権」「表現の自由」「参政権」「生存権」「抵抗権及び正当行為論」、そして自然法としての抵抗権を悉く否定しています。なぜかくも簡単にこれらを否定できるのでありましょうか。

一審判決は、その第三の二の（二）において、「被告らは、本件訴えの提起が、原告の原子力発電政策についての意見表明を妨害する意図によるものであると主張する。しかし、そのような意図を認めるに足りる証拠はなく、本件訴えが提起されても、その他の意見表明の手段は何ら阻害されるものではない。また、被告らは、本件訴訟において原告が原子力発電政策を意図的に問題としていないと主張する。しかし、原告が所有権に基づく本件土地部分の明渡しと被告らの占有を理由とする損害賠償を求めるうえで、原子力発電政策の是非等を問題とする必要はない」と断じています。

二　まず第一に、私たちの「原子力発電政策についての意見表明を妨害する意図によるものである」との主張に対して、「そのような（原告の）意図を認めるに足りる証拠はなく」と言っていますが、原告の本件訴えの提起そのものが証拠であると言うべきです。

彼ら原告にとって、原発問題ではなく土地問題に限定しなければこの提訴を有利に導くことができないと想定されるわけですから、土地の所有権や管理権の問題に矮小化しているだけです。経産省が原発推進の総本山であることは歴然としているのです。経産省が原発推進の総本山であるからこそ、私たちはそこでの抗議行動を行っているのであります。政府全体が原発推進でありますが、そういう意味では政府機関のほとんど全てにおいて抗議行動があってしかるべきですが、経産省がその総本山であることには変わりがありません。

経産省は私たちが行っている「原発に反対して行ったテントの設置」について、「原発反対の意思表示を止めて欲しい」とは言わなかっただけです。だから、管理規則に反する「違法なテントですから、直ちに撤去するように」と毎朝のように警告に来ています。この警告は「原発反対の意思表示を止めて欲しい」と言うのと、全く変りません。

訴状にはひたすら、経産省が管理する土地部分を占有して云々という主張を繰り返し、原発問題に一寸でも触れたら、土地の占有問題から離れてしまいますから、彼らにとっては絶対に触れることができないだけです。それが、私たちが表明している「原告は原子力発電政策を意図的に問題としていない」という主張の根拠となります。

一審判決もこの軌道に乗って、「本件土地部分を被告らが占有しているか」を争点の一つとしています。

しかし争点は、ポケットパークとも言われる狭隘な九〇㎡程度の国有地において、我が国の原発を巡る政治的情勢を踏まえて、「(本件土地部分において)原発反対の意思表示を行うことが許されるかどうか」ということです。

(以下略)

もちろん、このような陳述が、本件訴訟の行方にどのような効果をもったか定かではありませんが、国や経産省を暴露するということでは、一定の意義があったと思います。

ともあれ、我々は五年も頑張れるとは思いもしなかったのですけど、少々微妙な言い方ですが、国や経産省に一定の後ろめたさが生じていたとしても、テントの客観的存立基盤はまさに私たち自身の闘いそのものがつくり出したものであったのは明らかなことです。

●東京高裁判決

東京高裁における控訴審は途中で「和解」の話が出てきたり、こちら側の証人尋問請求が一部実現したりしましたが、結局、原審を支持する判決が二〇一五年一〇月二六日に下りました。

判決は次の通りです。

東京高裁控訴棄却判決（要約）

判決主文

一　本件控訴をいずれも棄却する。

二　控訴費用は控訴人らの負担とする。

事実及び理由

第一　控訴の主旨（略）

第二　事実の概要

一　本件の請求と訴訟の経過

（一）　本件は、一審原告が一審被告らに対し、一審被告らが国有財産である（中略）土地（中略）上にテント等を設置して同土地部分を占有しているとして、所有権による妨害排除請求権に基づき、本件土地部分の明渡しを求めるとともに、不法行為による損害賠償請求権に基づき、（中略）損害金の連帯支払いを求めた事案である。

（二）（三）（四）（略）

二（略）

第三　当裁判所の判断

当裁判所は、一審原告の請求のうち①本件土地部分の明渡請求を認容し、②金員請求については、一審被告らに対して、（中略）連帯支払を求める限度で認容し、（中略）③一審参加人らの参加申出は不適法であるからいずれも却下すべきであると判断する。（以下略）

一　原判決の補正（略）

二　争点（三）（一審被告らの本件土地部分の占有）についての補足（略）

三　一審被告らの当審における「宿営型表現活動」等の主張について

（一）一審被告らは、誰もがアクセスできる「公開空間」に簡易テントを設営し、意見表明を常時行い、定期的に集会を開く恒常的・持続的集会を可能にし、さらには原発推進か脱原発かという重要な国策についての公開の幅広い国民討議の場の創設を導く、という意義を強調して、本件各テントの設営及び泊まり込みについて、これが宿営型表現活動の一環として憲法上保護すべきである旨主張し、内藤光博専修大学法学部教授作成の意見書（乙C六〇。以下「内藤意見書」という）を援用する。

〈以下略〉

（二）しかし、上記一（四）に補正するとおり、表現の自由の保障を考慮しても、本件申請に対する不許可処分は適法であって、本件土地の管理権者において一審被告らの占有使用を許容すべきであるとはいえない上、それ自体違法な表現行為は別として、表現行為の目的や動機、表現行為の具体的内容がどのようなものであるかによって、憲法二一条一項による表現の自由の保障に差異を設けるべきものではないから、人間に値する生存の確保のためのやむにやまれぬ意見表明であり、生存権に基づいて原発に反対するものであるからといって、本件土地部分において表現行為を行うことが憲法上、特別に保護されるべきであるということはできない。このことは、その意見を表明する者にとって経済産業省の管理する本件と土地部分で原発反対の表現行為を行うことが最も効果的であるとしても同じであるし、また、一審被告らの主張するところが少数者のものであるとしても、その立場が少数者であるかどうかによって、本件土地部分の使用が許容されるか否かの判断が左右されるべきものではない。

なお、本件土地部分を「テントひろば」として使用して原発反対等の種々の活動をすることができないからといって、一審被告ら自身の憲法上の生存権が損なわれるものでないことは明らかである。また、東日本大震災による原発事故により被害を受けた者のうちには、テントひろばを訪れ、そこでの人との交流により精神的に癒され、原発について議論をして考えを深めるなど、テントひろばは参加者には有益で貴重な場とされていたようにうかがわれるが、そうであるとしても、それにより得られる利益は、憲法上の生存権で保障すべき範囲のものとまではいえない。

一審被告らの主張するように、東日本大震災による原発事故により、多くの人が深刻な被害を受け、苦難に陥ったことから、テントひろばに参加する者は、やむにやまれぬ思いで原発に反対する行動に加わったものと理解されるのであるが、そうであるとしても、そのことから一審被告らに本件土地部分をテントひろばとして使用する特別の権原が生じ、あるいはその使用が違法と評価されないとする法的根拠はない。

内藤意見書では、本件訴訟はスラップ訴訟であり、表現行為の弾圧である旨述べるが、上記のとおり、その前提とするところにおいて採用し得ないものである（損害の点は後に述べる）。（以下略）

四　争点（七）（損害）について

（一）一審原告に生じた損害の内容について

ア　一審被告らは、本件土地部分は、国有財産法上は公用財産であるが、直接公共の用に供されていることから、公共用財産として把握すべきであり、一審原告に損害が生ずることはなく、したがって、使用料相当の損害も生じない旨主張する。

イ　本件土地部分は、国有財産法上の公用財産であり、国有財産台帳においても区分「土地」、種目「敷地」、用途「庁舎敷地」（甲三七）である本件土地の一部である。本件土地部分は、外形上、庁舎敷地そのものとは柵で区分され、ポケットパーク（小公園）として一般公衆の用に供されているが、公用財産であるか公共用財産であるかの区別にかかわらず、行政財産として国有財産法一八条、一九条が適用され、一審原告が行政財産の使用を許す場合には、その対価を徴収することができるものと解される。そうすると、本件土地部分が権原なく占有された場合には、一審原告は、占有者に対し、使用料相当の損害賠償請求権を取得するというべきである。本件土地部分について使用料を支払うことを条件に第三者に使用させることが法的に禁じられているものではなく、上記の損害が生じないということはできない。

したがって、この点についての一審被告らの主張は採用することができない。

（二）損害の額について（略）

第四　結論

よって、一審被告らの控訴及び一審参加人らの控訴はいずれも理由がないから棄却することして、主文のとおり判決する。

これに対して、私たちは上告をしましたが、二〇一六年七月二八日「上告棄却」の決定が下されました。

## ●川内テントの設立とテントの思想

「経産省前テントひろば」のようなものが全国に波及していけばいいと漠然と思っていたわけですが、川内原発の再稼働問題が進むなかで、川内テントを建てたのは二〇一四年の九月二六日でした。当初は「川内原発再稼働阻止！脱原発テント六号店」と称していました。六号店などとしたのは、チェーン店などの物真似で、こういうテントを全国に波及させたいという思いの現れです。テントのようなものを建てることで、どんな人がどんな形で建てたとしても、その地域の運動のひとつの結集点になりうるのではないか、辺野古にも博多にも経産省前にも、そしてすでになくなってしまったものもたくさんあるが、わが国地域住民運動にとっては決して特別なものでもなく、人びとが闘う際に必要になるものという考え方でした。

もちろん未だないところに新たにテントを建てるのは、それなりに決断も必要だし、困難もあるのですが、それよりも、その後の闘いや運動の方に大きな期待を持てるか、というだけのことと思います。建てないこともあるし、建てることもある、唯一決定的なことなのか、そうでもないのか、建てる者からするとその差はそれほど大きくはないという感じが私とか江田さんにはあったと思います。

川内テントを建てた直後に「川内原発再稼働阻止！テント宣言」を発表していますが、それを引用します。テント裁判で東京地裁判決が下される少し前のことです。

## 川内原発再稼働阻止!テント宣言

我々は九電川内原発の近所に「川内原発再稼働阻止！」のテントを建てました。

このテントの構成者はそれぞれがかつて、いかなる因果関係にあったとしても、共有できるものがあるとすれば、「川内原発再稼働阻止！」ということであって、そういうものとして有志がそれぞれ参加して建てたものです。

脱原発テントとしては、博多九電本社前に存在するテントを始め、霞ヶ関、羽咋、大飯、大阪と続いて第六番目のテントとなりますが、それぞれニュアンスは異なるものであることは明らかでありましょう。

川内原発一、二号機の再稼働は、現在停止している全国の原発の再稼働の突破口となるものです。何としてでもそれを止めたい、という意志と行動が、このテントに込められています。もう少し言えば、川内原発再稼働阻止のためにどうするか、私たちが考え得る限りでの結論でありました。

二〇一一年の東電福島事故は、原発は極めて深刻かつ甚大な事故を起こすものであることを、全世界の人々に改めて示しました。大事なことは、これは「初めて示された」ものではない、ということです。けれども、懲りない面々がまだ大勢いて（彼らの多くが経済的、社会的に有力な者です。例えば九州は、全体として九電王国の配下にあるかのようです）、彼らはとうの昔に、東電福島事故は「忘れてしまった」如くです。

川内原発を始め、原発の再稼働を目論む者の目的は、政治家であれ当の事業者であれ、あれこれ理屈は並べても結局は自己の薄汚い経済的野心だけです。他方、原発の再稼働・推進によって踏みにじられるのは、人々の、否、全ての生き物の命であり、故郷、否、全ての生き物の生命環境です。産業であれば、農業であり漁業の破壊です。

社会的・経済的に有力な者が原発を推進し、多くの小さき者がそれに反対しているという、ある意味では実に単純な構造となっています。原発を推進する者は、安倍内閣を中心に政治的にも有力です。要するに金も力もたっぷりあります。対する多くの小さき者は、本来、文字通り無力ではないにも拘わらず、社会的・経済的に有力な者の金や力のあおりを受けて、分断されています。命をつなげていくための日々の生活そのものに全力を上げることを強いられています。その結果、反対行動全体という面では、歯切れが悪く、少々ウロウロし、必ずしも決定的な力を発揮し得ていません。すなわち世論調査と政治行動とは、ひどくかけ離れているのです。換言すれば、原発再稼働反対の意思を、再稼働を阻止する政治的力として発揮しなければならないのですが、原発反対・再稼働反対を呼び掛ける側にも相当の工夫が必要だと思われます。

私たち「川内原発再稼働阻止！」のテントの存在は、「川内原発再稼働」という具体的な政治的流れの中で、今後どのような効用を発揮できるのか。九月二八日の鹿児島における全国集会を引き継いで、川内原発再稼働阻止の運動を盛り上げていくことに少しでも貢献できるのか。そしてテント構成員が、どこまで頑張り、どこまで広がっていけるのか？　それは天のみぞ知ります。

私たちのレベルでは、以下のように構想されます。

一）このテントは非暴力不服従を標榜し、本質的にもそのようなものです。

二）テントは、当面する再稼働の情勢の中で、川内原発再稼働阻止に耳目を集め、再稼働反対の世論を喚起し、行動に現す人々の持続的な拠点です。この拠点を維持拡大し、全国に「再稼働阻止」を合法的に呼び掛ける発信の拠点です。テントが張られる場所は、公共空間であってテントの設置は、あえて非合法であるとの認定下にはないものです。

三）このテントの構成員は、薩摩川内市を始めとする近隣住民との友好的関係に強く留意するものです。

四）このテントは、それを構成する個人それぞれの自力更生を基本原則とします。その後のテント構成員の出入りも再稼働反対である限りにおいて全く同様です。テントの運営・継続・撤去等の決定はそれぞれの構成員によってなされるものです。例えば、政治的局面の変化によって起こる、テントを撤去するという意見とそうしないという意見が対立した場合は、撤退する、撤去するという意見の者が私物をもって去ればよいだけです。これは致し方ない見解の相違です。専らそういうものとして互いに外連味なく対応すべきです。去る者も来る者も全てが友人なのです。

五）運営上の原則は特に存在しませんが、構成員ができるだけ他者との友好的な関係を維持しつつ、自由に存在することが前提となります。けれども、全体が公共的空間であることに関心が寄せられなければなりません。社会的良俗はこれを重んじるべきです。

六）テントは、第二、第三、四、五……のテントが付近に建てられることが期待されます。

七）テントでの一定程度の滞在は、政治的課題（再稼働阻止）の実現のためですが、それとは別の個性同士がぶつかり合う共働の、しかも全く日常的な生活空間が構成されることになります。この側面での矛盾に旨く対応し、処理することが重要です。それなりの人生の経験者は、このことに習熟しなければなりません。

二〇一四年九月二七日

脱原発川内テント（川内原発再稼働阻止！脱原発テント六号店）

そしてテント裁判東京地裁判決に対する二〇一五年二月二七日付声明は次のように言っています。

## 声明

（前略）

いかなる判決であろうが、われわれは法律的に可能な対応（控訴、執行停止の申立等）を含めて、断固として闘いを継続する。

われわれには恐れるものは何もない。われわれが、例え取るに足らない微小なものであっても、無力ではないし、例え非力であったとしても、全国・全世界には何百万、何千万、何億の人々の「脱原発・反原発」の願いと無数の力があり、連帯したこの力は、巨大な力を発揮し得るという確信のもとで、以下のように闘う。

もっとも大事なことはこうした潜在的な力を具体的・政治的な力として、例えわずかずつでも白日のもとに実現していくことである。そのためには、あきらめず、しぶとく、しなやかに闘わねばならない。第二に福島の事故を忘れず、福島の人々を忘れず、全国各地、とりわけ原発立地でしぶとく闘い続ける人々との連帯を時間もかけて実現していくことである。少々の意見の相違を誇張するのではなく、互いの違いをむしろ前提にして、互いに尊重し、連帯を最優先すべきである。肝心なことは人と人との連帯であるからだ。第三にわれわれの重要な特徴でもある「テントの精神」を全国的に理解してもらい、これを大胆に押し広めること。テントの精神とは、一言でいえば、脱原発を掲げ、可視化された日常的・持続的・実際的存在であることである。だからこそ脱原発運動に一定のインパクトをもたらし、一種の拠点となったのである。全国各地の可能な所から、可能な人々によって始められ、やがて無数の脱原発テントが筍のように生えてゆく。壊されたらまたどこかに建てればよい。経産省前テントひろばはまさにそのような存在である。

共に闘おう！　二〇一五年二月二七日

最後に「壊されたらまたどこかに建てればよい。経産省前テントひろばはまさにそのような存在である」と言っていますが、実のところ、ここには高裁判決後のテント運営委員会に提出した「提言」に通じる含みがあったのです。

つまり経産省前テントは闘いの拠点としても重要ですし、全国から期待される存在でもあったのですが、決して絶対的なものではないのです。私たちの闘いの道具でもあったとも言えるものです。したがって、この道具をどうするか、どのように扱うかというのは専ら「われわれ」の意志が決定するところのものです。

しかしもうひとつの問題もあって、それは「われわれ」とは誰かが明確ではない、すなわち「全国から期待されている」「皆のもの」とは言うが明確な限定もない、という状態でもあるのです。こうしたことに戦術問題では不自由さが発生することにもなります。このことについては本書の第三章第三節で改めて考えることとします。

ともかくテントの精神とは、一言で言えば、脱原発を掲げ、可視化された日常的・持続的・具体的存在であることです。脱原発運動を続けていくためのひとつの欠くべからざる拠り所なのです。だからこそ脱原発運動に一定のインパクトをもたらし、一種の宿営型表現活動（内藤意見書）として拠点となったのです。全国各地の可能な所から、可能な人々によって始められ、やがて無数の脱原発テントが筍のように生えてゆく。壊されたらまたどこかに建てればよい。経産省前テントひろばはまさにそのような存在ですから、似たようなものが、川内テントに限らず全国のあちこちに建てられてもよいはずです。

ただし、裁判になると負けるかも知れませんが。

# 第三章　テント裁判敗北とテントの闘争

## 第一節　なぜ原発なのか、なぜ原発反対なのか

### ●はじめに

世界の原発の数についてですが、二〇一七年で、アメリカが九九基を運転中で、数という点ではトップ、その発電出力も1億kw以上、二位のフランスが五八基で六千万kw。第三位が日本五四基（二〇一一年の事故時、現在は四二基）で四千万kw（いずれも商業用の原発で、学問・研究用は別）。次いで中国、ロシアの順。その次が意外と多い韓国。インドは建設中まで含めると二〇基を超え、カナダ、チェルノブイリのあるウクライナなどが続き、世界全体では四四〇基くらいの原発があります。

四四〇基もの原発がつくられているのは科学技術の発展と切り離すことはできませんが、まずは第二次世界大戦において、新たな決定的な「武器の開発」を目指し、アメリカにおいて原爆が実現したことに出発点をもちます。

一gのウラン235が核分裂を起こすと、8・2×$10^{10}$ジュールのエネルギーを生み出します

（ウィキペディア：核分裂反応）。他方、例えばC重油（比重〇・八〇〜〇・九六）は一Lで四一・七MJ（メガジュール）です＜環境省地球環境局：事業者からの温室効果ガス排出量算定方法ガイドライン（試案ver1・6）＞。つまり一L（＝一〇〇〇cc×〇・九＝九〇〇g）のC重油が燃焼すると41・7×$10^6$Jのエネルギーを生み出し、ウラン235はC重油に比べて約六〇万倍ということになります。これはまるで桁が違います。人間はそういう途方もないエネルギーを発見し、核爆弾として活用しました。このような圧倒的なエネルギーを民生用に利用することについて、「車のガソリンを週に二回入れていたところ錠剤ほどの原子力の粒を年に一度燃料タンクに放りこむだけ（『終わりなき危機』：ディヴィッド・フリーマン）」といった一種の夢をも掻き立てました。原子力エネルギーが他のものと比べて桁違いであること自体は間違ってはいないので、これが利用できればという夢を描くのはそれほどナンセンスなことではないと思います。

しかしこの巨大なエネルギーを十分にコントロールして民生用に活用することの可能性はまた別の問題です。

アメリカの最初の実用的原発は潜水艦ノーチラス号の動力として取り付けられた加圧水型で、その原発を民生用に転用したものがアメリカ最初の商業用原子力発電所として一九五七年に営業運転を開始したシッピングポート発電所（一〇万kw／h）です。キュリー夫人等による実験室での研究から実際の兵器として現実化すること自体が一大飛躍ですが、これをまた商業用として大量に利用するというのも更なる一大飛躍です。

広島型原爆は一四〇ポンド（約六四kg）（注1）のウラン235のうち、一・三八％（約八七六・三g）が核分裂反応を起こしたと推定されています（ウィキペディア：リトルボーイ）。つまり広島原爆では六四kgのウランが存在し、爆発したのはそのうち八七六gだけです。

原発ではどうでしょうか。例えば八九万kw／hの川内原発では一五七体の燃料集合体が装荷され、ウランの装荷量は七四トンとされているので（九州電力HP・川内原子力発電所：『川内原子力発電所一、二号機の新規制基準への適合性について』）、このうち四％がウラン235とすれば、二九六〇kgのウラン235が存在し、さらにこのうち四分の三程度二二二〇kgが一三カ月間で消費されます。リトルボーイの核爆発の量は八七六gと推定されていますから、その二五三〇倍以上です。ひとつの原発で一年間に広島型原爆が二五〇〇発以上が爆発していることになります。一三カ月か一瞬かの差はありますがまさに量的拡大が質を決することになります。

（注1）ジェレミー・バーンシュタインは『プルトニウム』（「産業図書」二〇〇八年、一一三頁）のなかで「ウラン235についての臨界量についての現在の正しい値は一一三ポンド（五六kg）である」と述べている。

ウラン燃料のウラン235もウラン238も、新品の「核燃料」である限り、比較的安定的な物質です。それぞれ七億四〇〇万年、四四億六八〇〇万年の半減期で、人生などと比べれば遙かにゆっくり鉛へと変化していきます。天然にもウラン235を〇・七％含むウラン鉱石（大部分はウラン238）が存在します。

しかし、原子力はウラン235に中性子を照射して核分裂反応を起こさせ、その時発生する熱を利用するものです。ウラン235が核分裂を起こすと、セシウム133、ヨウ素135、ジルコニウム93、セシウム137、テクネチウム99、ストロンチウム89、ストロンチウム90、ヨウ素131、プロメチウム147、サマリウム149、ヨウ素129、キセノン133など約一〇〇種ほどの新たな核種が生成され、さらにプルトニウム、アメリシウムなどの超ウラン原子が生成されます。これらは原子炉の中でさらに核分裂しあるいは崩壊していきます。これがいわゆる「核のゴミ＝死の灰」と言われるものです。

つまり、使用前の核燃料は使用されること（中性子の照射）によって、その名称が「使用済燃料」となるだけではなく、その物質構成は全く異なった状態となります。これが「ウラン238＋ウラン235」とは全く質的に異なる重大な危険を人間にもたらします。原発の電気は、実験室の小規模な実験ではなく大量生産・大量消費の商品ですから、こうした危険は量的、社会的に飛躍的となったのは自然の成り行きでしたが、問題はこうした量的飛躍に伴って、この危険から社会を守ることが可能かどうかという問題になるのですが、たった六〇年の間に起きたチェルノブイリ、スリーマイルそして東電福島の大事故によって、それはほとんど不可能だということを証明したことになります。

単なる軍事技術（原爆であったり、ノーチラス号を動かす動力であったり）を、これだけ大量の核分裂性物質を社会的に取り扱う安全性の確立が全く不十分なまま、国際情勢の変化のなかで、ご都合主義的な政治的判断のもとで、商業用発電に転用した結果です。

安全性の問題だけではなく、ただ先延ばしされた重大課題のひとつの典型が使用済燃料の処分問題ですが、当初は誰も真面目に考えたことはなかったといってもいいと思います。蓄積されていく核のゴミの現実に遅れて自覚が促されるという始末で、ようやく処分が問題とされ、理論上の問題としてもその危険性が指摘されることになったにすぎません。どこの原発も必ず「使用済燃料」が発生しますが、先に原発があって、使用済燃料の処分問題は先延ばしされただけです。

原爆など核兵器は、無駄とはいえ、使用しなければそのままです。その価格や保存に莫大な費用がかかっても、軍事・防衛問題として特別扱いです。しかし商業用の核利用は、商売として利益を生まなければならない宿命にありますから、電気の製造原価や設備費あるいは原料費、そして売上が問題となります。取りあえず「核のゴミ」問題などは当面は大丈夫としなければ、商売として成り立たないということです。わが国でも電力事業者が原発を進めるに当たって、国の介入がなければ不可能事だったのです。そこからまた「無責任体制」が形成されていくことにもなりました。

そこで幾つか具体的な問題について私が理解している範囲でお話してみたいと思います。沢山の問題がありますが、私がいくらか理解している範囲だけで、それも一知半解なのですが、今日の脱原発の運動がもっている弱点なのかも知れません。つまり少なくとも我々素人には「分からないこと」が多すぎるのですが、そういう素人も、なにがしかの意見を申し立てる権利があると思います。

## ●原料が安いというのは魅力的だった

原子力エネルギーは、石炭に比較して、石油に比べて安価だというのが、わが国のエネルギー転換政策の根拠になった。そして、確かに見かけ上は安かったが、本当にそうなのか、原発にかかる社会的費用、先ほども言った損害賠償や廃炉費用という内容をキチンと計算していたのか。損害賠償もマックスで一〇〇〇億円しか受け取れない保険に入っているだけだったのです。

ウラン燃料が他の資源と比べて安いというのは、原発を推進する彼らのモチベーションであったというのはその通りであったと思う。しかしウランも国際相場商品で、一時一三六ドル／ポンドという時もあった（「世界のウラン資源とわが国のウラン調達　日本原子力研究開発機構　天本一平」によれば、八酸化三ウラン（＊）の二〇一二年国際スポット価格は五〇～五五ドル／ポンド程度である。一ポンドは四五四g）。

（＊）ウィキペディアによれば八酸化三ウランとは「ウランの酸化物である。外見はオリーブのような緑色から黒色で、無色の固体である。イエローケーキの主成分の一つであり、この形態で鉱山から工場まで運ばれる。八酸化三ウランは、地層環境中で長期の安定性を持つ。酸素の存在下では、酸化ウラン（Ⅳ）は八酸化三ウランに酸化され、また酸化ウラン（Ⅵ）は五〇〇℃以上の温度で酸素を失って八酸化三ウランに還元される」とされる。

水力、石炭も一応国産、自然エネルギーも国産、そうすると、あとはガスも石油も国産ではない。

準国産という概念は、人形峠はまるでだめだったので、オーストラリアやカナダ、カザフスタンなどの天然ウラン鉱石の開発・採鉱・精錬等に協力しつつ長期にわたって鉱石を確保する、多分イエローケーキではなく、かなり濃縮された六フッ化ウランか二酸化ウランを輸入している。それを輸入して、さらに核燃料として、ウラン235を三～五％含む酸化ウランに調整・濃縮してペレットに焼結する。だからある程度の六フッ化ウランを輸入すれば、原発用核燃料を何年かにわたって作り続けることができるというわけで、準国産となる。

イエローケーキ状態の八酸化三ウランの価格が例え一三〇ドル／ポンドであったとしても、単位当たりのエネルギー量ということからは「安い」とされる。しかも準国産であると言ってしまった。この準国産というのは、「国策民営」という体制のなかで、原子力推進の力をさらに大きく、全面的なものとして構成していくこととなったと思う。さらにお笑いなのは、原子炉をウラン燃料で運転することで副産物として生成されるウラン及びプルトニウムを再処理してこれをＭＯＸ燃料の原料として使うということで、ウラン燃料が遂に「再生可能エネルギー」に化けてしまう。官僚たちはジョークが好きなのかもしれない。

## ●人形峠のウラン

一九五五年に初の原子力予算が決められて、その時ドサクサにまぎれて、二億三五〇〇万円のほかに一五〇〇万円の国内ウラン調査費もくっつけられた。

それでブームのような形で全国でウラン調査が行われ、鳥取と岡山の県境で堆積型のウラン鉱床が発見されたのが最初。日本で必要とされるウランは年間一万一〇〇〇トンから一万五〇〇〇トンくらいとされるが、人形峠で実際に生産されたのはわずかで、採算が合わないということで、日本でのウラン鉱山開発は諦めることになった。埋蔵量が全国合計でも七七〇〇トンレベル。しかもウラン235の含有率が〇・〇五％程度で品質が悪く採算に合わないとされた（天本一平の同前によれば「一般に〇・一％以上の品位のウラン鉱床が商業規模の処理対象となっている」とされる）。人形峠一帯は宝の山として期待されたが、結局、経済的には採算の合うものではないことが分かってきて、一九六七年に正式に探鉱・採鉱は中止されてしまった。

ところが、私は最近知ったことで誠に恐縮だが、この探鉱で膨大な残土というか鉱滓というか放射性物質を多量に含んだ二〇万㎥の残土が放置されたままになった。

この事件は一九八八年に発覚したもので、住民側の要求にも拘わらず、未だに根本的な問題は放置されたままとなっている。

確か農水省の入口付近にこの残土を原料にした煉瓦でつくったとされる花壇がある。いまでもウラン煉瓦一個九〇円などとして販売されているらしい。

小出裕章さんなどは、人形峠開発の初期からいろいろ関わってきたという。人形峠、これも最初はそういう名前もなかったらしいが、ここにウラン鉱があるということになって、一九五七年に原子燃料公社人形峠出張所が置かれて本格的開発が始まったわけだが、三万五千ｋｍ以上いろいろ掘ってみたが、結局、採算が合わないということになった。それまでに掘り出された残土などが都合二〇万㎥。当初は、掘り出したウラン鉱をある程度精製して、東海村に送っていたらしい。

一九七二年以降、核燃料サイクル開発機構（旧動力炉・核燃料開発事業団、現日本原子力研究開発機構）が、日本初のプロジェクトとして、人形峠においてウラン転換、濃縮等に関する遠心分離法の開発を行った。人形峠での採鉱は中止されているので、海外から輸入したイエローケーキ原料をわざわざ運び上げて使っていた。パイロット・プラントを建設し、試験運転によりプラント運転制御と保守技術の確立を狙う一方、年間当たり二〇〇トン規模の原型プラントを建設し、一三年間の連続運転により遠心分離機の長期安全性を示したとされる一方、約三五〇ｋｇの濃縮ウランを生産した。また、新素材高性能遠心分離機の開発も行っていたが、核燃料サイクル開発機構のウラン濃縮事業の整理に伴い、二〇〇一年九月末でウラン濃縮に関する技術開発を終了したという状況です。

つまり、国産燃料としてのウランの探鉱・採鉱は諦めたが、跡地を利用して、ウランの濃縮技術に関するナショナルプロジェクトが人形峠で行われることになり、そのことによってまさに原子力立地として潤うことになったのですが、放射性物質をそれなりに含むウラン採鉱の残土だけ放置され、一九八八年になって改めて事件化することになったということです。

## ●四〇年の寿命ということについて

福島の一号機の圧力容器は沸騰水型で高さ二二m、直径は六・四m、鋼鉄の肉厚は一五〇mm。不純物によって鋼鉄は硬くなってもろくなる性質があるが、それだけ柔軟性を失っていく。特に初期の圧力容器はその製作技術の問題で不純物が多く、それがいわゆる脆化を招くことになって、安全に関わる最重要な問題となる。何しろ七〇気圧、三〇〇℃という環境のもとで絶えず中性子線に曝されているのだから、年数がたてば圧力容器自体になにがしかの劣化・脆化がすすむ。原発寿命四〇年というのも事故直後に改めて問題となり、新規制基準でも四〇年と決められた。

何者にも一定の寿命というものがある。コンクリートは五〇年でしょうか、これは税法上定められているもので物理的寿命を示すものではありません。もちろん五一年目に必ず壊れるわけではありません。建物などちゃんと建っているケースは少なくはないのです。「コンクリート建物の寿命について」によれば「六五年以上」という記述もあります。コンクリートは二千数百年前から人類が利用してきたものであって、それが今日でも立派に存在します。しかしどんな大きなコンクリートの建造物も、五〇年経過した六〇年経過したというだけのことです。もちろん明日、壊れて崩れ落ちるかも知れません。今自宅は集合住宅ですが、やがてまる四〇年を経過するということで「建替」の問題が議論されたり、コンクリートの劣化診断をしています。かなり良好であるなどの診断結果を得ていますが、原発も同じでよいのかという問題です。すでに本書の冒頭で述べたように、コスモ石油の炎上と東電福島の事故とはその量的な相違が質の相違に転化しているのですから、集合住宅の安全性と原発の安全性を同一に論じることはできません。

寿命は寿命です。普通、どんな機械でも四、五〇年がいいところではないか。人も一〇〇年経てば死ぬ。これをあれこれの装置をつけてともかく長生きさせる、原発の場合は四〇年を二〇年延長ということだから、これを人間に当てはめるとさらに五〇年すなわち一五〇歳まで生きさせる。

原発の場合は特に、圧力容器の「脆化」という問題が不可避だ。脆化というのはいろいろな機材を構成する物質の材料的弱体化です。原発を構成する様々な装置の材料はコンクリートであったり鋼鉄であったりします。四〇年が寿命と取り敢えず決めたのは、この材料的レベルでの基本判断であり、次にその全体構成です。

問題となっている原発の寿命四〇年に関しては、「核原料物質、核燃料物質及び原子炉の規制に関する法律」に定められ（第四三条の三の三二）、あれこれの政令などに説明もされています。そのうちの一つである「実用発電用原子炉の運転の期間の延長の審査基準　二〇一六年四月一三日」というのがあります。それには例えば次のような記述があります。

中性子照射脆化に対する対応：延性亀裂進展性評価の結果、評価対象部位において亀裂進展抵抗が亀裂進展力を上回ること。

全くの専門用語を駆使した官僚文です。「てにをは」は分かるにしても、素人にとってはまさに〇〇の寝言です。私は理解しようと挑戦しますが、今のところほとんど不可能です。

それではどうすればいいのでしょうか。私は解答を持たない、というのが正直なところです。と言っていても前に進みません。

原発の運転にとってどうしても必要な中性子のうち余分なものが、圧力容器を形成しているステンレス鋼等に当たって、その中の避けられない不純物としての銅やリンその材質の存在（その量）によって、ステンレス鋼自体をモロくしてしまうことを脆化と言うらしい。この程度がどのように進行するか詳しいことは分からないが、圧力容器がモロくなってしまうというのは大変なことだろう。圧力容器自体（もちろんこれだけではなく、一三カ月の三倍ないし四倍の間、高温、高圧に曝され、冷却水の流れに曝されているジルコニウム皮膜管の強度、その他様々な配管の強度の問題もあるし）が、温度と圧力の変化に常に曝されているが、鋼鉄は普通マイナス一六℃あたりからモロくなるらしいが、これが脆化によって「九〇℃位」に上がってしまう。つまり九〇℃でもモロくなるということだ。水力の場合、そういう問題はなく、ある意味じゃ放っておいても通常運転が続けられるのだろう。

鋼鉄は硬いものだが、一方で一定の粘り気があって、その粘性といった性質が、様々な揺れや運転中衝撃を受け止めて形を保っている。それがモロくなるというのは、一寸した衝撃をまともに受けて、壊れてしまうことになる。四〇年というのは、この脆化の程度の一般的限度を含めて定めたはずのものだ。だから、二〇一四年、一五年で運転開始から四〇年たつ高浜一、二号機については最大の問題が脆化の問題だと思うのだが。この脆化の程度を最低限、科学的に評価しなければならないのに、それは全くやっていないと見える。

脆化を調査するのに、圧力容器のなかに同質のステンレス片を入れておいて、それを定期的に調べることをやっているはずなのだが、そもそも、その程度のことで安全を証明できるのか。

東電福島第一事故は、一号機はちょうど四〇年で、次の一〇年を当然のように考えていたと思う。それが大事故となったのだから、潔く振り出しに戻るべきなのだが。危険であることを具体的に証明できないと「安全である」としてしまうのも凄く強引な話だ。都合の悪いことは先延ばしする、原発のゴミ処理と同じで、今すぐ問題となっていなければ先延ばしして、まだ大丈夫という具合なのだろう。

「実用発電用原子炉の運転の期間の延長の審査基準」だが、これに忠実に審査が行われているという審査経過を私は知らない。

## ●アメリカへプルトニウムの返還・移送——四八トンの分離プルトニウムの保有

二〇一四年に「アメリカへのプルトニウムの返還・移送問題」が話題になりました。

日米原子力協定によって日本は余分なプルトニウムを保持してはならないということになっています。日本が保有している分離プルトニウムについては、毎年その増減について「管理状況」という形で公表されており、現在、国内に一〇・八トン、イギリスに二〇・九トン、フランスに一六・二トン、合計四七・九トンのプルトニウムを保有している（「我が国のプルトニウム管理状況」内閣府、二〇一六年七月二七日）。これらの核物質は、日米原子力協定あるいは核不拡散条約等によって厳しい「保障措置」が課せられています。

「アメリカへのプルトニウムの返還・移送問題」については、毎日新聞でも二〇一六年三月二一日「米国に返還へ 輸送専用船が東海村に到着」という形で報道し、二〇一四年二月二六日に日経新聞でも「米にプルトニウム返還」と報道されています。このプルトニウムは一九六〇年代に米、英、仏から研究用に提供されたもので、日本原子力研究開発機構の研究施設に保管されていた約三三一kg、「高濃度で核兵器にも転用可能な核物質」です。

それが「余分」と見なされて、アメリカのサウスカロライナ州の核施設に移送するということになった（二〇一四年核セキュリティサミットで日米合意）。けれどもその受入先であるサウスカロライナ州知事が、最終処分場になるかもしれないという懸念からそれに反対している。日経によると「日本が保有するプルトニウム約四四トンのうちの約三〇〇kg」と言っており、これは毎年IAEAに日本が報告している「プルトニウム管理状況」に含まれているもの、つまり「管理されているもの」と見なしてよいと思います。

「核情報」のHPによれば、返還されるのは、高速炉臨界実験装置（FCA）で使用するプルトニウムとして、かつてアメリカ、イギリス、フランスから提供されたものの合計で三三一kg（核分裂性二九三kg）という数字を明らかにしているが、新聞で報道された数字とほぼ一致する。

高速炉臨界実験装置（独立行政法人日本原子力研究開発機構）とは、日本初の高速炉用臨界実験装置で、一九六三年に設計が開始され一九六五年から建設され、一九六七年四月に初臨界に達した。この装置では、最初は二〇%濃縮ウランだけを使っていたとされる「核情報」。一九七四〜一九七五年に我が国で初めてプルトニウム燃料の使用が可能な臨界実験装置に改造された（『核データニュース』Ｎｏ93「原子力歴史構築賞（4）高速炉臨界実験装置」日本原子力研究開発機構・岡崎成晃）とされ、また別の資料では「一九七〇～一九七四年Ｐｕ燃料入手」とされているところから、一九七〇～一九七四年に米、英、仏から入手したプルトニウムと考えられる。

要するに、問題となったプルトニウムは、一九七〇～一九七四年に米、英、仏から提供されたもので、保障措置に基づいてこれを一括してアメリカに返還（移送）する、ということである。

米サウスカロライナ州が核のゴミ捨て場になるかも知れないという当事者の深刻な問題もあるが、日米原子力協定やＩＡＥＡとの協定のもとに行われる「保障措置」や、そもそも核の平和利用と言われるものの具体的内容が、機密情報ということでほとんど公開されていないというのも大きな問題だと思う。我々ももっと努力をしなければならないと思うが、「核情報」によれば、米英からの薄板状プルトニウム板（高速炉臨界実験装置で使用するもの）の輸入量の形状及び量ということで次のようなデータも明らかにしている。

| 核分裂性含有量 | 提供国 | 寸法（インチ） | 数 |
|---|---|---|---|
| Pu-92% | 米 | 2 × 4 × 1/16 | 1003 |
| Pu-92% | 英 | 2 × 4 × 1/1 | 874 |
| Pu-92% | 米 | 2 × 2 × 1/16 | 600 |

| | | | |
|---|---|---|---|
| Pu-92% | 英 | 2×2×1/16 | 2875 |
| Pu-92% | 米 | 2×2×1/32 | 9 |
| Pu-81% | 英 | 2×2×1/16 | ? |
| Pu-75% | 英 | 2×2×1/16 | ? |
| Pu-75% | 米 | $PuO_2$～$UO_2$ピン | 288 |
| Pu-75% | 英 | $PuO_2$～$UO_2$ピン | ? |

（原子力資料情報室＝米エネルギー省資料 米核管理研究所（ＮＣＩ）故ポール・レベンサール所長入手。インチ＝二五・四ｍｍ）

つまり、核兵器に転用可能な相当量のプルトニウムが、国民の知らぬ間に研究用として輸入されてきたこと、さらに最近二〇一七年六月六日に起きた日本原子力研究開発機構・大洗研究開発センター燃料研究棟のプルトニウム被曝事故は、その管理がいかに杜撰なものであったかを示している。このことについては状況の把握とともに徹底的な解明が求められる。

そしてこれらとは別に英、仏からはＭＯＸ燃料として、一九九三年までに約二二三〇ｋｇのプルトニウムが輸入されているのである（以降の英、仏から輸入量は『我が国のプルトニウム管理状況』が公表されているので、大ざっぱな数字は掴むことができよう）。

わが国のプルトニウム保有量四八トンというのは、その大部分は原発の運転で何十年にもわたって溜め込まれたもので、ＭＯＸ燃料の使い道がなく消費が進まず、国内での再処理（プルトニウム、ウランを分離）も予定通り進まず、他方で高速増殖炉計画が破綻しているため、本来の核燃料サイクルは進まず、プルトニウムの消費はプルサーマル計画で僅かに使用されるだけであった、ということの結果である。四八トンのプルトニウムから六〇〇〇発の核爆弾を製造することが可能とされているので、核不拡散という国際問題に重大な影響を与えている。

今のところわが国においては、核爆弾は直接には作られてはいないが、人工衛星等のロケット技術はすぐにでも核爆弾の運搬手段に転用できるものである。だから「潜在的核抑止力」等という本音が政治家の口に上ってしまうのである。

二〇一一年九月七日付の読売新聞は「日本は原子力の平和利用を通じて核拡散防止条約（ＮＰＴ）体制の強化に努め、核兵器の材料になり得るプルトニウムの利用が認められている。こうした現状が、外交的には、潜在的な核抑止力として機能していることも事実だ」と言い、また自民党の石破茂も「核の基礎研究から始めれば、実際に核を持つまで五年や一〇年かかる。しかし、原発の技術があることで、数カ月から一年といった比較的短期間で核を持ちうる。加えて我が国は世界有数のロケット技術を持っている。このふたつを組み合わせれば、かなり短い期間で効果的な核保有を現実化できる」（『ＳＡＰＩＯ』二〇一一年一〇月五日号）と言う。

しかも外務省が一九六九年九月に作成した内部資料「わが国の外交政策大綱」では「当面核兵器は保有しない政策をとるが、核兵器製造の経済的・技術的ポテンシャルは常に保持するとともにこれに対する掣肘を受けないよう配慮する。また核兵器一般についての政策は国際政治・経済的な利害得失の計算に基づくものであるとの趣旨を国民に啓発することとし、将来万一の場合における戦術核の持ち込みに際し無用の国内的混乱を避けるように配慮する」と言っているのだから、何をか言わんやである。

この二〇一一年九〜一〇月頃というのは、テントをつくった時であるが、要するに原発は「核兵器の製造の経済的・技術的ポテンシャルは常に保持する」ための設備でもあったわけです。

## ●高速増殖炉「もんじゅ」の破綻

高速増殖炉では使用した核燃料以上のプルトニウムを生産できるという触れ込みで一九九一年に運転開始された高速増殖炉「もんじゅ」は二〇一六年一二月に一兆円以上の投資をして破綻・廃炉が決定された。高速増殖炉は、冷却剤として水を使えないのが最大の弱点だろう。中性子を高速のままMOX燃料（プルトニウム）に照射しなければならないので、中性子の減速剤は不要だが、一方で冷却剤は絶対に必要で、そのためには金属ナトリウムを使う。金属ナトリウムを使用することによるトラブル（この漏れによる水との化学反応で容易く火災が起こる）が原因で早期に運転停止されて、この二五年間のうち運転されていたのは三〇〇日に満たないという惨々たる結果しかなかった。

高速増殖炉ができれば追加の燃料が要らないのか、となれば理論的にはその通りといえるかもしれない。

普通の原子炉において、一つの核分裂に対して、一つの中性子が放出され別の原子核に突入して、それを核分裂させ新たに一つの中性子が放出されれば、これが永遠につづくとしても、一つの原子が核分裂する際に出てくるエネルギーを使えるだけだ。これではどうしようもないわけで、一つの核分裂によって一つ以上の中性子が放出されなければ、纏まった巨大なエネルギーとして利用することはできない。現在二つ以上二・四個くらいの中性子が飛び出してくることになっているらしいが、それによって一が二となり、二が四となる具合に連続的な核分裂の発展が引き起こされ、大きなエネルギーとなる。原子炉において出力を上げるというのは核分裂の数を幾何級数的に増加させていくということである。一つの核分裂に対して発生する中性子二・四とか言う数字は、普通にいえば二・四個などというのはあり得ないわけで、あくまでも確率論的なものです。こういう言い方は必ずしも正確な言い方ではないと思うが、原発では、原爆に比べて相当に遅い速度で連続的に膨大な量のウラン２３５原子が核分裂するようになっている（一定の出力状態を保つというのは、同じ臨界状態を保つことで一定の安定した核分裂状態を保つ。というのはたくさんの、しかし同数の核分裂反応が継続していること、例えば一〇〇の核分裂が次の一〇〇の核分裂を引き起こすだけ、余った一・四の中性子は制御棒に吸収させてしまう）が、原爆では短い時間、つまり一瞬と言われるような短時間で一ｋｇあるいはそれ以上の量のウランが瞬時に核分裂を起こすことで「臨界超過状態」となって爆発となる。爆発状態でなければ爆弾というわけにはいかない。最初の少し纏まった核分裂が小さな爆発状態となれば、周辺のウラン２３５自身が飛び散ってしまい、中性子が届かなくなってしまう。

逆に原発は、遥かに多くの核燃料を、例えば原爆の二五〇〇倍ほどの核燃料を背景にして、これを連続的にというか、原爆と比べればの話だが少しずつ核分裂を増加させて、一定の出力（定格出力）に達するように制御棒等を操作する。こうして纏まった熱エネルギーを取り出すわけだが、一定の出力のところで平衡状態（これ以上出力を上げない）に入らなければ、核爆弾同様に「暴走」することになる。平衡状態というのは、冒頭に述べた通り中性子1に対して核分裂1の割合で平衡している状態である。今度は余分な中性子は排除しなければならなくなる。平衡状態をうまく保てなければ、安定的な発電もできないし、連続的核分裂反応が止まってしまったり、暴走（核爆発状態）してしまうのだから、長期・連続的なコントロール技術が絶対必要となる。

ところで、軽水炉用として作られている核燃料のウラン235の濃縮度は三〜五％で、それ以外はウラン238で、このウラン238も中性子のオコボレに預かることになる。オコボレにありついたウラン238は中性子を自らの原子核に取り入れて、非常に不安定なウラン239となる。これは半減期が二三分でベータ崩壊してネプチウム239となり、この半減期も短く二・四日でさらにベータ崩壊してプルトニウム239になる。ウラン239もネプチウム239も半減期が短いので、まあこの過程を無視すれば、ウラン238に中性子があたってプルトニウム239となると言ってもあながち間違いでもない。

ともかくこういうことで、運転されている原子炉の中にはプルトニウムが必ず存在することになるのだけれど、このプルトニウム２３９もさらに中性子を取り込んでプルトニウム２４０に変身したりで、ややこしい話となるのだが、ひとつの原子炉の熱エネルギーの三〇％ほどは、ウラン２３８から変身したプルトニウム２３９の核分裂によるものとされている。

以上の現象は、ある意味やむを得ない、偶然的な事象です。

「もんじゅ」はその燃料に、ＭＯＸ燃料を使う（プルトニウム一六〜二一％のもの、軽水炉の場合は四〜九％）わけだが、その「ＭＯＸ燃料は茨城県東海村にある日本原子力研究開発機構の東海研究開発センター核燃料サイクル工学研究所から出荷され、常磐自動車道→首都高速道路→東名高速道路→名神高速道路→北陸自動車道を経て、福井県敦賀市の「もんじゅ」までトラックで輸送されたそうである。この際、テロを警戒して警備車両や警察車両が伴走するが、特別な交通規制はなく一般の乗用車やトラックとともに高速で走行する。輸送容器（ＭＯＮＪＵ－Ｆ型）は、九ｍからの落下衝撃に耐え、八〇〇℃・三〇分の条件下に耐えうるものである」（ウィキペディア：もんじゅ）。

炉心には一六〜二一％に濃縮されたプルトニウム燃料（ＭＯＸ燃料）を配置し、これとは別にウラン２３８が「ブランケット燃料集合体」として炉心を取り巻くブランケット領域に配置される。

燃料としてのＭＯＸ燃料がまず核分裂をおこして熱をつくり、この熱を金属ナトリウムを介して二次冷却水に伝えて蒸気をつくってタービンを回す（「もんじゅ」の定格電気出力は二四・六万ｋｗ）。余分に発生している中性子がブランケットのウラン２３８に取り込まれてプルトニウム２３９に変身する。もちろん炉心部にもウラン２３８が２３５とともにあるので、この一部もプルトニウムに変身する。

「もんじゅ」は、ウラン235をできるだけ含まないウラン238を意図的に配置して、ブランケット部でプルトニウムを意図的に生成させる装置であって、プルトニウム生成が主なのか発電が主なのかというと「両方」というわけで、そこで初めて核燃料サイクルが論理的に成り立つ。プルトニウムの回収効率などを無視すれば、使えば使うほど核燃料が製造できるという夢のような話になっていく。「もんじゅ」でブランケット部を設けているのは、生成されたプルトニウムを効率よく取り出すためだ。ブランケットの方が遙かに核分裂反応は少なく、炉心部のプルトニウムより核的不純物が少なくなる。だからといって、使用した核燃料と同量のプルトニウムが実際に回収できるわけではなく、せいぜい二〇%くらいではなかろうか。

しかし理屈はそうでも、原子や量子の現実の世界は複雑で、折角出来上がったプルトニウム239が今度は中性子を取り込んでプルトニウム240となったりするわけで、極めて実践的な経験に基づいてさえ、一つのエネルギー源がそれの使用によって新たに別のエネルギーを一つつくりだせるなどということは非常に難しい問題となる。「もんじゅ」の場合だと、発電能力は二八万kwくらいと思うが、これは別として、新たに生成されるプルトニウムは元のMOX燃料に対して二〇%程度ではないかといわれている(あてにならない数字だが)。ともかく目を見張るような数値にはなっていないと思う。さらにそれを取り出して分離し、濃縮し再びMOX燃料として使えるようにするには大変なことになる。しかも今度はその使用済みのMOX燃料をどう処理し再生するのかという課題は全く解決されてはいない。まあ夢だろうが、理論の発展のために実験室で行われるのは許されるかもしれないが、高速増殖炉をたくさんつくって、社会的リスクを考慮しないで大規模に運用されるとすれば、これはナンセンスと言うほかはない。

## ●東海原発（第一）の廃炉問題

東海原発は原発のパイオニアと言われる日本原子力発電（原電）による経営で、商業用原発として第一号であったわけですが、廃炉でも第一号で、一九九八年三月に運転を終了しています。

しかし福島の一～四号機の廃炉のモデルにはなりにくい。事故を起こしたわけではないし、形式がイギリスのコールダーホール型で中性子の減速に黒鉛を使い、冷却が炭酸ガスで、しかも発電能力は一六万ｋｗと福島の四〇万～五〇万ｋｗ級の発電能力とは大きく違う。商業用原子炉の廃炉・解体という点では共通性があるのだが、運転終了から二〇年近くたつ今日において、未だに原子炉本体の解体に着手できていない。原因は何処にあるのか、技術的な問題を中心的にして、三〇年で廃炉にするということ自体が甘すぎる見通しだったということでしょう。

しかもこの日本原子力発電は原発専業の会社ですから、現在は何も発電できていないから売る電気がない。敦賀原発一号機は廃炉、二号機は建屋直下に活断層で審査は難航、三、四号機は建設準備工事停止中、東海第二発電所は二〇一九年に四〇年ということで、まさにどうにもならない状況です。東京電力、関西電力、中部電力など電力事業者の共同出資の会社なので、各電力事業者から基本料金を受け取って何とか会社は生き残っている。東海第二の安全対策で二〇〇〇億円に膨らむ勢い。こういう経済的問題も絡んで「核原料物質、核燃料物質及び原子炉の規制に関する法律第四三条の三の六の二　その者に発電用原子炉を設置するために必要な技術的能力及び経理的基礎があること」にさえ抵触するおそれが十分にある、という有様です。資金的には東電などによる債務保証しかないが、二〇兆円を超える賠償・廃炉費用を抱える東電等にそんなことができるのか。結局は国民の負担（政府の支援とか電気料金）が強要される恐れが十分にある。廃炉事業専用会社として再出発したほうが遙かに合理的判断と思うが如何だろうか。

## ●政府のエネルギー基本計画

エネルギー基本計画は、福島事故以降二回、つまり二〇一二年の民主党政権のときと二〇一四年に現在の長期計画が策定されている。民主党政権の時は、名称も「革新的エネルギー基本計画」と称された。この二〇一二年の「革新的エネルギー計画」と二〇一四年の四月に閣議決定されているエネルギー基本計画には、大きな違いがあるのは当然かも知れない。

民主党のときのエネルギー基本計画は「革新的エネルギー・環境戦略」と称したことに担当者の意気込みみたいなものを感じさせるが、「二〇三〇年代に原発稼働ゼロを可能とするよう、あらゆる政策資源を投入する」としており、二〇一四年のものは原子力エネルギーを改めて「ベースロード電源」と位置づけ、二〇三〇年のエネルギーバランスを原子力二〇～二二%としているのだから、その違いは明瞭だ。だが「革新的エネルギー・環境戦略」は原子力エネルギーをゼロとする一方で、「引き続き従来の方針に従い再処理事業に取り組みながら、政府として青森県をはじめとする関係自治体や国際社会とコミュニケーションを図りつつ、責任を持って議論する」という曖昧な表現ながら事実上再処理を継続するという、原発ゼロとは矛盾した決定をしていることである。これと関連して「討論型アンケート調査」なども行われて、それなりにいくらかの国民の声を取り入れて、二〇三〇年代に原発稼働ゼロを可能にするということを盛り込んだ、ということである。

本来なら「革新的エネルギー・環境戦略」は閣議決定され、相応の政策決定力となるはずのものだが、閣議決定にはいたらなかった。理由は再処理事業を永続するという矛盾を抱えていることもさることながら、アメリカの圧力が相当露骨に働いたということである。アメリカとしては、一回の事故くらいで原発を止めるなんて、今までのアメリカの温情はどうしてくれる、ということだろう。少々の事故があっても日米コンビで原発を推進していく、日本はその先頭を走れ、高速増殖炉も研究を続けろ、止めるな、そうしないと、六フッ化ウランの輸出を停止するぞ、といったことだったのではないか。民主党の閣僚にもかなり深刻なレベルでの圧力がかかったとされている。ともかくアメリカに逆らったら潰されるということで、ウヤムヤのままで、この「原発ゼロ」を盛り込んだ「革新的エネルギー・環境戦略」は閣議決定できなかった。

これに対して、大方の大衆運動の方も、「二〇三〇年代というのは余りにも遅い」、また野田内閣は「安全性が確認された原発は重要電源として活用する」などと言っているものだから、冷ややかな受け止め方をしたと思う。このあたりのことについては、民主党内閣が閣議決定できなかったその寸前にアメリカの圧力として朝日新聞が暴露している。

二〇一四年のものは、「革新的エネルギー・環境戦略」をそれ以前の、つまり二〇一〇年の基本計画に戻してしまった。パブコメにも個人の意見として提出したが、基本内容は、二〇一〇年のエネルギー基本計画とほぼ同じで、資源がない、核燃料は準国産だ、原発は長所だけで短所なし、あとは国際情勢の変化を分析し、三・一一事故の反省とか教訓とかの言葉が並んでいるだけのシロモノだ。

一寸ついでに申し上げておくと、こうした方向はエネ庁の総合エネルギー調査会などで審議されていくわけだが、この会合のメンバーにはまさに「原子力ムラ」の人々が呼ばれてメンバーになるのだけれど、必ずしも全員がそうなのではなく、一人とか数人、政府の方向・原発推進の方向に批判的な人も入れている。例えば日本消費者連盟とか生協とかで、しかしこの人達は一所懸命会合には参加し発言をして頑張るのだけれど、結局、委員長や多数派に押し切られてしまう。二〇一四年の基本計画策定に際しても、その最後の審議会会議で「批判的意見についてそれを活かすためにも、意見として併記するべき」という異論に対して、極めて強圧的に「(責任ある会合として)そんな恥ずかしいことはできない」と委員長が一蹴するというようなことが平気で行われている。

## ●使用済燃料〜核燃料サイクル〜もんじゅ・六ヶ所村再処理工場〜地層処分

以上いくつかの具体的な問題について述べましたが、全体的な日本の原子力政策はどうなるのかという問題を述べるのは私にとっては容易なことではありません。

例えば、もちろん日本のエネルギー問題、その中の原子エネルギーの問題、再生可能エネルギーの問題、電気の節約の問題、そして核燃料調達の問題、使用済核燃料（※）処理の問題、全体を通しての安全性の問題、原子力関係・廃炉等の研究開発の問題、人材の問題等々、そして原発立地の特に経済や経済的再生の問題、様々な課題と切り口があるけど、これらは複雑に結びついているからです。

以下は原発に関する私の頭のなかの混乱をも表しているのですが、その整理途上の覚え書としてご理解頂ければ幸いです。

※政府は使用済核燃料と表現せず「使用済燃料」という。

### 覚え書その一　使用済核燃料関連問題の分析

一・使用済核燃料に関連する諸問題を列挙する。

①使用済核燃料の貯蔵（滞留）問題

②使用済核燃料の再処理（遅延）の問題

③（使用済核燃料の）核燃料サイクルの問題（高速増殖炉を軸とするもの、プルサーマルによるもの）

④使用済核燃料から発生する高レベル放射性廃棄物の処分問題（最終処分場ないし地層処分問題）。使用済核燃料から発生する低レベル放射性廃棄物の処分問題（最終処分場ないし浅地処分等の問題）

二．これらの諸問題は、それぞれが互いに関連して絡みあっているので、因果関係を若干整理しておく必要がある。

①「使用済核燃料」は今のところ各原発サイトの貯蔵プールに保管されているが、一方的に溜まり続けている。その理由は、

ア）使用済核燃料の崩壊熱との関連で単純に処分だけを急ぐことはできないこと（最低でも使用済核燃料となってから五年は貯蔵プールで冷却し続けなければならない）

イ）「ワンスルー」であろうが「再処理」であろうが、その最終処分場（高レベル放射性廃棄物の処分場）が決まっていないから再処理も進まない

ウ）再処理をするにしても「再処理技術」が必ずしも確立されてはいない

エ）再処理工場（六ヶ所村）の建設が滞っていること、現時点において二四回目の操業延長は確実で、「原子力規制委員会での審査が遅れている」からではない等にある。

使用済核燃料の貯蔵問題は極めて明快な問題で、原発が運転されなければ一切発生しないものである。

使用済核燃料は、核燃料サイクルとの関係では「ウラン、プルトニウム再生産の重要な材料」という位置付であり、単なるゴミではない。

使用済核燃料は再処理を行わなければ、ガラス固化体という「高レベル放射性廃棄物」も「低レベル放射性廃棄物」も発生しない関係にあるが、再処理を行わなければ使用済核燃料自体が全体として「高レベル放射性廃棄物」となる。

三．高速増殖炉による核燃料サイクル（今のところ構想にすぎない）は、わが国原発の歴史とともに「夢のエネルギー」として始まっている。高速増殖炉で電気を生産しながら、核分裂を起こさないウラン238に高速の中性子を吸収させることで、プルトニウムをつくりだす。「資源に乏しいわが国」には魅力的な構想であったが、今日の科学技術水準では、大規模かつ社会的生産というレベルでは、その「実用化」は極めて困難かつ危険である。

現に「もんじゅ」（実証炉手前の原型炉）は破綻した。「もんじゅ」破綻は、一九九五年の事故以来かなり明確であったが、核燃料サイクルと「もんじゅ」＝高速増殖炉の開発は、使用済燃料の再処理と三位一体で不可分の関係であった。

「もんじゅ」の破綻によって、政府の核燃料サイクル政策は、「プルサーマルによる核燃料サイクルにシフトし、他方で高速増殖炉の効用を「核燃料の増殖（プルトニウムの意図的生産）」という本来の目的から、「高レベル放射性廃棄物の減容化、放射能有害度の低減化」を目的とするという力点の移行が見られる（これは環境への負荷軽減などという美しい言葉に彩られているが、「有害度の低減化」に関する理論上の可能性と実際には大きな乖離がある）。

どこに力点が置かれようが、高速（増殖）炉のさらなる開発と運転には、「使用済燃料」の再処理が不可避となる（軽水炉でつくられたプルトニウムと残ったウランの回収）。しかも高速増殖炉が動けば、使用済ＭＯＸ燃料の再処理が課題となり、この分野での経験はほとんどないと言ってよい（ウランの使用済燃料の再処理技術に比して遥かに危険であるし、またプルトニウム２３９の他に様々な同位元素が混入しており、核燃料として機能を発揮させるにはさらなる工程が必要とされる。現に再処理で抽出されたウランはそのままではＭＯＸ燃料の原料とはならない。同様以上のことが、ＭＯＸ燃料の再処理で発生するはずだが、このＭＯＸ燃料の再処理についてはほとんど情報がない）。

高速（増殖）炉による「高レベル放射性廃棄物の減容化、放射能量の低減化」を目指すというのも、単に「やめられない（原子炉立地との付き合い、今日までの莫大な資金の投入責任が問われる）」というだけのことで合理性を全く欠如している。今後の合理的なコスト計算からも、完全に外れている（プルサーマル計画については別項）。

いずれにせよ、東京新聞流に言うと「核燃料サイクルの輪は増殖のところで切れていた」ということだ。

四．したがって、様々な状況・諸条件から、ともかく六ヶ所村再処理工場を中心とする核燃料コンビナートの竣工が重要なメルクマールとなるとともに、その操業によって発生する高レベル放射性廃棄物の処分場の決定（調査、建設）をもうひとつの環にして、両者を早急に進めなければならなくなってきている。最終処分場が例え決定したとしても、調査・建設で最低一〇年はかかり埋設はどんなに早くても一〇年後まで待たねばならない。

六ヶ所村の再処理工場は一九九三年に着工し、二〇〇九年にアクティブ試験を終了し竣工となる予定がたびたび延期され、今のところ操業が開始される予定は二〇一八年度上期とされている（二〇一五年一一月一六日）。たびたび延期されてきたということは、再処理工程の安全性を含めた技術的レベルが旨くいっていないということである。二四回目の延期は絶対許されないところまできており、六ヶ所村再処理工場を何としてでも竣工に漕ぎ着けなければならない、というのが関係者のいつわりなき心境であろう。

これが破綻すれば、「もんじゅ」が既に破綻となっている（二〇一六年一二月一七日には「（もんじゅの）廃炉方針が示され」、年内に関係閣僚会議で正式決定されるということが報道された）ことから、既存の核燃料サイクル全体が完全に破綻することになる。したがってそのような意味からしても、六ヶ所村の再処理工場は、核燃料サイクル最後の砦である。

現在は本格的操業に向けての「試運転」ということになっているが、工場建屋は操業していないのに過去二三回にわたって延期されて既に中古状態になっている。正式の竣工から向こう四〇年の操業を見込んでいるようだが、仮に二〇一八年に操業開始となってもその時は既に二四年も経過した工場建屋、施設であって、その後四〇年の操業は容易ではないはずである。

五．現在は全国で六基の原発（川内原発二号機が一二月一六日に定期点検で停止）が稼働しているだけであるが、再稼働が本格的に進めば、「使用済燃料」の貯蔵問題は、その保管許容量の壁に突き当たり、その問題から原発の運転ができなくなるという問題に直面してしまう。

よって、この目前の問題を回避する最も素朴で単純な問題解決が「むつ市の中間貯蔵施設の建設（規模は三〇〇〇～五〇〇〇トンの保管が可能とされる）」であったが、この竣工も延期を重ねて、今のところ竣工は二〇一八年の見込みである。

それではということで、各原発サイトでの「燃料プール」の新建設は費用の問題で事実上否定されるなかで「既存貯蔵プール内でのリラッキング」や「乾式キャスク方式」が浮上し、政府は使用済燃料の貯蔵能力拡大にむけた「使用済燃料対策推進協議会」を立ち上げて（二〇一五年一一月）この問題に対応しようとしているが、即物的な対応でしかない（原子力規制委員会は「もうリラッキングなんていう考え方はやめるべきで、ドライキャスクに保管していく方がより安全だという、これは世界的にもそういうのが普通」（田中委員長）と言う）。

六．高速増殖炉による核燃料サイクルが事実上破綻したのは、「もんじゅ」のナトリウム事故から始まっている。代替としてプルサーマルによる核燃料サイクルが採用されてきたが、代替であるが故に、わが国の原発での利用はいかなる意味でも合理性を欠くものであった。

運転上の危険を無視してＭＯＸ燃料を使うという無理が通されてきたのは、「核燃料サイクルを維持する」という名目だけであった。しかも再処理技術も十分でないなか、わざわざ遠くフランスやイギリスに委託して再処理を行い、ＭＯＸ燃料に加工するという合理性を欠いた施策であって、その輸送問題等からウラン燃料の一〇倍の価格になっており、これを軽水炉で使用するプルサーマル計画は当初からコスト面でも破綻していたというべきである。もちろん高価なＭＯＸ燃料の他に「高レベル放射性廃棄物」も引き取らねばならない。燃料は要るがゴミは要らないとはいかない。

すでに使用済核燃料七一〇〇トン以上がフランス等で再処理されているが、合わせて「高レベル放射性廃棄物」も戻ってきており、六ヶ所村の高レベル放射性廃棄物貯蔵施設はこれによってほぼ満杯（二八八〇本の許容量に対して現在二〇六四本が貯蔵されていると言うがどうも怪しい。ニューモ（原子力発電環境整備機構：ＮＵＭＯ）が明らかにしている二三〇〇本が正しいと思う）。しかもＭＯＸ燃料とは別に溜め込んだプルトニウムは国内外に四八トン保有している。その保有は核不拡散の課題からしても国際的不信を招きかねない状況である（だからプルサーマルで平和目的で利用していますという形をつくらねばならなくなっている）。

七．最初の商業用原発の運転以前から、「わが国は資源に乏しい、ウラン原料は全部輸入だ（人形峠のウラン開発も不発に終わった）」ということから、使用済核燃料に残る数％のウランおよびプルトニウムを再利用し、なおかつ高速増殖炉でＭＯＸ燃料を消費しつつ、新たにプルトニウムを生産するという「核燃料サイクル問題」およびこれと不可分の「再処理（問題）」をセットで推進するというのがわが国原子力政策の基本となってきた。

だが、この再処理自体が国内的には旨くいかない。地層処分の場所の決定もおぼつかないというのに続いて、トイレ無きマンション状態は今やまさに切羽詰まった状態である。三・一一東電福島原発事故以来の五年半、ひたすら再稼働を策動してきただけ（原発推進にとってはそれが精一杯であったのだが）で「原発推進を根本的に見直す」機会にしなかった政府・経産省の責任は重たい。八・使用済核燃料を全量再処理せず直接処分（ワンススルー）してしまえという意見もないわけではないが、これはいささか乱暴な意見ではないかと思う。

たしかにコスト面では直接処分の方がはるかに合理的だが、三〇〇mの地層にそのまま使用済核燃料を纏めて埋設した時の「再臨界」の危険性は非常に大きい。例え三〇～五〇年経過した使用済核燃料であっても、ウランやプルトニウムを十分に含んだ使用済核燃料である。地殻変動等による核燃料の一定以上の蝟集が、原発の炉心と同じような状態を地下三〇〇mにつくり出すことになる。

また「ウランやプルトニウムも非分離のまま埋設してしまうため、核分裂生成物の崩壊熱にプルトニウムの崩壊熱が加算されることになり、ガラス固化体処分の場合に比べ、地層処分の熱設計上の付加が相対的に大きくなる」（「使用済燃料直接処分に関わる社会環境等」日本原子力学会研究専門委員会中間報告書：平成二六年六月）。

但し、直接処分についての研究開発はわが国でほとんど進んでいないので、そのイメージもスウェーデンやフィンランドからの借り物だと推定できる。

だからと言って、再処理を薦めるものではない。再処理過程での危険性、ガラス固化体自身の危険性、その埋設の危険性は多岐にわたって存在する。したがってわれわれは、再処理であろうとワンスルーであろうと、その核物質の臨界問題、放射能による危険性を看過することは絶対できない。

九．使用済核燃料の再処理は、「もんじゅ」とともに核燃料サイクルの基軸となるもので、二〇〇〇年に「特定放射性廃棄物の最終処分に関する法律」によって「核燃料サイクル」の法的枠組みをつくってしまった。

しかしこの両方（再処理と「もんじゅ」）が具体的には旨くいかないなかで、「技術の動向、国際情勢等不確実要素が多々あることから、それぞれに、あるいは協力して、状況の変化に応じた政策選択に関する柔軟な検討を可能にするために使用済燃料の直接処分技術等に関する調査研究を、適宜に進めることが期待される」（二〇〇五年エネルギー大綱）とした。

さらに民主党政権時代の原子力委員会は二〇一二年六月一二日に「核燃料サイクル政策の選択肢」を発表し「技術小委は、核燃料サイクル、特に原子力発電所からの使用済燃料の取扱いに関して、これを全量再処理するための取組を進める（全量再処理）、再処理する取組と直接処分するための取組を併存させて進める（再処理／直接処分併存）、全量直接処分するための取組を進める（全量直接処分）という三つの政策選択肢を選定した」ことを公表したのである。

これには六ヶ所村再処理工場を運営する日本原燃が抗議文を公表して猛然と反発した。

原子力委員会の「核燃料サイクル政策の選択肢」決定について：日本原燃

本日、原子力委員会が、核燃料サイクル政策の選択肢について取りまとめられた。

私どもとしては、わが国が技術立国として一〇年先、二〇年先も一流国であり続けるためには、原子力は今後も一定の役割を果たすべきであり、その際、資源を有効利用するという観点と、放射性廃棄物の減容による環境への負荷軽減という観点から、これまでと同様「全量再処理」路線を選択すべきと考える。

今後の議論にあたっては、政策変更に伴うコストや立地地域の皆様の思いをしっかり受け止め、ぜひともわが国の将来の視点に立った冷静で現実的な検討をお願いしたい。

以上

さらに二〇一二年一二月二五日に「今後の原子力研究開発の在り方について（見解）」で、「使用済燃料の直接処分の研究に着手する」「ガラス固化体の処分だけでなく、使用済燃料を直接処分することを可能にしておくことの必要性は明らかであり、事業者及び研究開発機関は、海外において間もなく安全審査が開始されようとしている直接処分の技術的動向を十分に踏まえて、我が国においてこれを可能にするため、ガラス固化体の処分技術では不足する点を明らかにし、研究開発課題を定め、その解決に向けての取組を着実に進めるべきである」とした。さらに二〇一五年五月二二日の閣議決定では「幅広い選択肢を確保する観点から、使用済燃料の直接処分その他の処分方法に関する調査研究を推進するものとする」と一歩踏み込んだ。
どういうことか。使用済燃料の全量再処理路線から後退、直接処分の復活である。

一〇．なぜこのようなことになってきたのか。核燃料サイクルはわが国原子力政策の基本に据えられてきた。だが、これを進める高速増殖炉の開発、使用済燃料再処理という両輪が事実上機能しなくなってきているからである。

「もんじゅ」も再処理も莫大なコストがかけられてきたが、ともに旨くいかないことが暴露され、核燃料サイクルは破綻寸前だ。それでも原発の再稼働の旗も、核燃料サイクル推進の旗もおろさない。しかし全体的な先に述べたような矛盾は日ごと大きくなっていく。
その結果が、「幅広い選択肢を確保する観点」と言いながら、切羽詰まった「使用済燃料」「高レベル放射性廃棄物」「低レベル放射性廃棄物」を一刻も早く「処分する」具体策を実行しなければならなくなった、ということである。困難で矛盾した事態に即物的に対応をするための、最低限の理屈が「幅広い選択肢を確保する観点」などというものである。

一一．結論：以上見てきたように因果関係は複雑になっているが、まずはっきりしていること、例えば一万八〇〇〇トンの使用済燃料はいずれ何とかしなければならないのだから、この処理・処分の問題を、これから発生する使用済燃料の問題と切り離して、「限定された一万八〇〇〇トン」をどうするかを解決しなければならないが、他の問題と切り離すことによってしか、まともな市民的議論も不可能だ。原発の再稼働を継続し、使用済燃料を溜め込みながら「高レベル放射性廃棄物のガラス固化体の地層処分について、国民の理解を得よう」という発想がそもそも虫がよすぎるのである。

## その二 再処理（工場）

一）再処理工場は今のところ六ヶ所村だけである。各原発サイトからキャニスタに入れられた使用済燃料の運搬上の安全問題。「一九七七年に操業開始の東海再処理施設は二〇一四年に老朽化のため廃止が決定されている。二〇〇七年までに国内原発の使用済燃料約一一四〇トンを再処理した。廃止は一四年に決定。その後も、再処理で出た高レベル放射性廃液をガラスと混ぜて固化体にする作業を進めており、一二年半かかる予定だが、トラブルが多く想定通りに進んでいない」（二〇一七年四月一三日　東京新聞）。

二）使用済燃料は再処理工場附属の中間貯蔵プールにいったん貯蔵されるが、貯蔵限度は満杯となっている。この貯蔵自体に危険性がある（福島第四号機に貯蔵されていたのは燃料集合体数で約一五〇〇体。約三〇〇〇トンの使用済燃料が一カ所で貯蔵・管理されていることになり、その数量は桁を異にするものである）。

三）使用済燃料は中間貯蔵プールから取り出されて燃料集合体ごとに細かく粉砕される（剪断・溶解工程）が、その過程で、クリプトンなどジルコニウム被膜管内に閉じ込められていた気体性の核種がいとも簡単に放出される。クリプトンやキセノン等が放出されるのは当然の成り行きである。放出に際して濃度規制はあるものの総量は規制されていない。

四）六ヶ所村の再処理工場が年八〇〇トンの使用済燃料の再処理を本格稼働した場合、この再処理工場から空と海に放出される放射能は一日分で一〇〇万kw／hの原発一年分になるという主張もある（ウィキペディア）。原燃は、自社の計算を前提に周辺住民の一人当たりの年間被曝量は国の規準を大幅に下回るので問題ないと主張する。再処理施設も海岸近くに立地するが、要するに広い海へ放射性物質を放出するためである。

五）気体はほとんど無視されるが、再処理の主要工程は「燃料集合体」丸ごとを細かく砕いたものが溶け込んでいる硝酸溶液から、ジルコニウム、その他の燃料集合体形成金属、ウラン、プルトニウムなどを化学的に分離・抽出するものだ。他に大量の洗浄水が使用され、「法定濃度以下」として海洋に放出され、こうした液体が複雑な配管・容器を通る過程で、各所から漏れる事故がつきものである。

六）もともと使用済燃料は使用前燃料に比べて放射能という点では桁違いに危険なものだが、これを「扱う」労働自体が放射能被曝の危険に常に曝される。ガラス固化体は近づけば即死するような強い放射能を放っているので、ほとんど自動化した遠隔操作が必要となる。

七）「総合資源エネルギー調査会、電力・ガス事業分科会、原子力小委員会地層処分技術ワーキンググループ」は、二〇一六年内に高レベル放射性廃棄物を最終処分する「科学的有望地」の選定基準を決定しようとしているが、二〇一六年一一月二八日の第一九回会合ではこの決定にいたらなかった〈二〇一七年七月二八日に「科学的特性地」として発表された〉。この最終処分の「科学的有望地（特性地）」なるものは、一九九一年の「高レベル放射性廃棄物地層処分研究開発の技術報告書」（動力炉・核燃料開発事業団から原子力委員会への報告書）以来、「広く存在する」ということになっているが、同様の結論を一九九九年の「わが国における高レベル放射性廃棄物地層処分の技術的信頼性——地層処分研究開発第二次取りまとめ」においても示している（この第二次取りまとめについては、岩波書店『科学』二〇〇〇年一二月号や『「高レベル放射性廃棄物地層処分の技術的信頼性」批判』：原子力資料情報室編に詳しい）。

この「広く存在する」という見地は一九九一年来そのままである。非常に部分的な幾つかの知見もあるだろうが、今回発表されたものを見る限り、日本列島のほとんどの二〇km圏の海岸地域が「科学的特性地」であることになっている。

八）六ヶ所村再処理工場の再処理能力は年間八〇〇トンであり、現在残留している一万八〇〇〇トンの使用済燃料を処理するだけで、二二年かかる。六ヶ所村再処理工場の着工は一九九三年で、当初の完成竣工予定は二〇〇九年であったが、試運転状態が続いており、今後竣工したとしてもそれから向こう四〇年にわたってまともに操業しうる保証はない。もちろん、原発の再稼働が続けば、それによって発生する使用済燃料の溜まり具合では、再処理工場がまともに稼働していたとしても、一方的に使用済燃料は溜まり続けるだけである。

九）高レベル放射性廃棄物としてのガラス固化体は、それに接触・接近しただけで死亡する危険物である。これを九段に積み重ねて収納管に収容し、合計三〇〇〇体弱を「高レベル放射性廃棄物貯蔵施設」に三〇年〜五〇年空冷貯蔵する。ガラス固化体二八八〇本の空冷貯蔵は、先の使用済燃料の貯蔵に比べても、さらに危険である。

一〇）ガラス固化体の貯蔵限度は二八八〇本とされる。再処理能力年間八〇〇トン、使用済燃料「一トンから一本のガラス固化体がつくられる」（「高レベル放射性廃棄物の地層処分はできるか」『科学』）とすれば（私の重量における単純な試算でもそうなる）、年間八〇〇トンの再処理で八〇〇本のガラス固化体が発生し、高レベル放射性廃棄物の現在数が二三〇〇本であろうが二〇六四本であろうが、一年の操業で高レベル放射性廃棄物貯蔵施設の貯蔵限度を超えてしまい、それ以降はこれまた、いくところがなくなる関係にあるのも明らかなことである。

一一）さらに、この危険極まりないガラス固化体を運送用容器に容れて、海路六ヶ所村から最終処分場に運搬する危険もある（だから、最終処分場の位置は港に近いところが「好ましい」ということになっている）。

**その三　核燃料サイクル**

核燃料サイクルとは、本来、高速増殖炉を中心とする使用済核燃料のリサイクル＋核燃料増殖サイクルのはずで、その研究開発の中心に存在したのが高速増殖炉「もんじゅ」である。だが、この

「もんじゅ」は、研究開発としての「もんじゅ」でもあり、他方「将来の実用化をめざすための原型炉」であり、「開発スケジュールは『研究開発』というより『事業化』プロジェクトといったほうが正確」（鈴木達治郎：元内閣府原子力委員会委員長代理）とされる。

二つの核燃料サイクルというが、本来の核燃料サイクルは、高速増殖炉を基軸とする核燃料の使用（燃料を消耗して発電しながら）と新たに燃料を生成しようとする（使用済核燃料のリサイクル＋核燃料の「増殖炉」によるプルトニウムの意図的生成）、夢のように都合のよい思いつきであった。もちろん理論上はまるで出鱈目な議論ではない。しかし理論と実践は異なる。ましてや社会的影響の大きい原子力の問題は、それが大規模に実践されるならば、極めて慎重な対応を必要とする。

ともあれ、わが国における将来の原発は軽水炉に比べてこの高速増殖炉が主役となって、核燃料サイクルが実現されるという予定であった。

しかし高速増殖炉「もんじゅ」の事故及び高速増殖炉の困難さ（コスト問題も含む）から、この夢のエネルギーという構想は、改めて実現不能な事態となった。

その代替策が、MOX燃料を軽水炉で利用可能とする「核燃料サイクル」である（プルサーマル計画）。しかしプルサーマル計画は「MOX燃料を軽水炉で利用できる」というだけだから、初めから科学的合理性は一切ない。

軽水炉で使用された使用済燃料（ウラン燃料）を再処理して、残存ウランと新たに生成されたプルトニウム（軽水炉でもプルトニウムがわずかに生成される）を抽出して、新たな核燃料材料にするという（再処理及びＭＯＸ燃料の製造）プルサーマル計画は、革命的でも何でもない「単なるもったいない」に過ぎず、コーヒーのないクリープである。もちろん合理的なコスト主義にも対応できないことになる。

したがって、この項では、コーヒーのないクリープ問題としての「プルサーマル計画」についての問題を抽出する。

一）核燃料の意図的増殖・生成がないプルサーマル計画でも、使用済ＭＯＸ燃料をどうするのか、基本は再処理を期待するのであろうが、この「再処理」は不可避である。使用済ＭＯＸ燃料から抽出されるプルトニウムは核燃料としての不純物が多すぎるのである。だから前記「再処理の問題」は、使用済ＭＯＸ燃料問題においてもすべてすっかりそのままの問題である。

二）同じ使用済燃料でも、使用済みの「使用済ＭＯＸ燃料の再処理」は全く別の問題であり、ほとんど研究もされていない。

三）そもそも「ＭＯＸ燃料を軽水炉でも利用できる」だけのことだから、電力事業者が恐る恐るＭＯＸ燃料を一部の軽水炉で使用したとしても、大量には使用できず、せいぜい最大でも全装荷燃料の三分の一から四分の一程度であろう（フルＭＯＸとしての大間原発は、プルトニウムの消費という意味では大いに期待されている）。軽水炉でのＭＯＸ燃料の一部使用は、運転上・制御上非常に不安定な要素となり、原発事故のリスクをそれだけ増大させるだけである。

四）核燃料サイクルは、全体として破綻しているとみなしてよいが、にもかかわらず国・経産省はこれに固執している。事実上破綻しているということを彼らも認めざるをえないはずだが、二〇〇〇年六月の「特定放射性廃棄物の最終処分に関する法律」という法的枠組みをつくってしまった以上、「法に則って粛々と進めるだけ」というのが担当官僚の言い分となってしまう。いかにも官僚らしい対応である。

「電力会社はこれまで立地自治体に対して、使用済核燃料は原発敷地内のプールで一時的に冷却保管するが、一定の時間が来れば青森県の再処理工場に搬出するので、使用済核燃料は立地自治体には残らないという約束をしてきました。一方、再処理工場がある青森県は、使用済核燃料は、再処理の原材料であるという位置付けで県内への搬入を認めてきました。もし、再処理をやらないことになると、使用済核燃料はただの核のゴミになってしまいます。そうなると国、電力会社と青森県との約束で、電力会社は使用済核燃料を青森県から持ち出さなくてはならなくなります」

「持ち出した使用済核燃料を原発の立地自治体に保管する（戻す）ためにはこれまでの地元との合意の枠組みを作り直す必要がありますが、電力会社は、それをしたくないし、それができるとは思っていません」という事情があり、また「使用済核燃料の法的ゴミ化」は、当然、電力会社の会計処理上の問題にもなり、リサイクルの原材料としての使用済核燃料は資産勘定から一気に負債勘定となってしまうという事情にもなる。

他方で六ヶ所村再処理工場は何もしない、できない廃工場と化すのが必定である。むつ・小川原巨大開発計画の失敗から、漸く再処理施設誘致に成功して何とか急場をしのいできた青森県は、国策に振り回された揚げ句、捨てられたということになる。

したがって、こうした諸問題を八方収めるのが唯一「再処理」の継続であり、全く無駄な「核燃料サイクル」の継続ということになってしまうのである。このような安易かつ全く不合理が原子力業界の特質でもある。

**その四　高・低レベル放射性廃棄物の地層処分**

多くの場合、高レベル放射性廃棄物の地層処分の課題が問題にされるが、低レベル放射性廃棄物のうち比較的放射能の強いものも「浅地処分」されることになっているが、七〇万トンともいわれるこれの行き場のないことも看過できない。

基本的には、一九九九年の核燃料サイクル開発機構（当時）が原子力委員会に報告した「わが国における高レベル放射性廃棄物地層処分の技術的信頼性――地層処分研究開発第二次取りまとめ――（以下「第二次取りまとめ」と言う。五分冊総計約二六〇〇頁）」は、「わが国における地層処分の技術的信頼性を示すとともに、処分予定地選定及び安全基準の策定に関する技術的拠り所を与える重要なもの」とされている（二〇〇〇年一〇月一一日原子力委員会原子力バックエンド対策専門部会）。

しかしこのような評価は単に自画自賛にすぎない。この取りまとめに対して、岩波書店『科学』二〇〇〇年一二月号及び二〇〇一年三月号に、藤村陽一、石橋克彦、高木仁三郎の三氏の連名で、

「高レベル放射性廃棄物の地層処分はできるか」というタイトルで、いわば「第二次取りまとめ批判」が掲載された。これは非常に分かりやすく、政府が考え実行しようとしている「地層処分」に対する全面的な批判となっている。以下の議論はこの「第二次取りまとめ批判」に負うところが大きい。

特に考え方の問題として重要だと思われたのは、「きわめて重要なことは、一〇万年経ってみたら地震の影響をまぬがれたという場所が皆無ではないかもしれないが、あらかじめ（たとえば今後五〇年間に）そういう場所を特定するのは不可能だという点である。仮に『今後一〇万年間地震の影響を受けない場所が存在する』（A）が成り立つとしても、それだけでは『ある特定の場所が今後一〇万年間地震の影響を受けない』（B）は保証できない。つまり、命題（A）と命題（B）はまったく別である」と指摘していることである。

確かにある意味では広いこの日本列島に、「第二次取りまとめ」がいうように「将来一〇万年程度にわたって十分に安定で、かつ人工バリアの設置環境および天然バリアとして好ましい地質環境がわが国にも（広く）存在すると考えられる（第二次取りまとめ、総論レポートP・Ⅳ）」としても、日本列島の具体的な何処かに、そのような場所を特定するということとは別次元の問題なのは明らかなことである。しかも「広く存在する」という断言も大きな問題を孕んでいる。

また低レベル放射性廃棄物は、仮に六ヶ所村再処理工場が年八〇〇トンの使用済核燃料を再処理すると、気体・液体の大部分は空中・海洋に垂れ流すとしても三一八〇㎥のドラム缶入り廃棄物がつくられる（うち高レベル放射性廃棄物はガラス固化体で一五〇㎥だが、これをさらにオーバーパックでくるむことになり全体で五二〇万㎥となる）。

この一部は六ヶ所村低レベル放射性廃棄物埋設センターに埋設されつつあり、「余裕震度処分（地層一〇〇m程度に埋設）」対象の中レベル放射性廃棄物の埋設地点を六ヶ所村敷地内で調査中である。

## その五　使用済核燃料（※政府は使用済核燃料とは表現せず「使用済燃料」と言う）

使用済核燃料の発生は、原発を運転する以上絶対的に発生するもので、避けて通れない。この使用済核燃料の処理問題は、今日まで「トイレ無きマンション」と言われてきたように、原発運転開始以来、使用済核燃料の処理問題は事実上放置されてきた。

なぜこうなってしまったかについては別途論じなければならないが、今日まで五〇年にわたって放置されてきた結果、使用済核燃料の大部分は各原発サイトの貯蔵用プールに貯蔵・保管されているのだが、これが貯蔵限度に達しつつある。最も逼迫しているのが九州電力玄海原発で、現在停止中の三号機が再稼働すれば、三年で使用済核燃料の保管可能量を超えてしまう。ということは、炉心から使用済核燃料を取り出して、新たな燃料を装荷して運転を再開することができなくなるということだ。

再稼働をさせないという見地からすれば大変結構な話ではあるが、決して良い状況ではないのである。大量の使用済核燃料が原発の中に放置されていること自体が重大な危険がもたらされる条件となっているからである。

他方、原発推進という立場からすれば、大変な政治危機が切迫していることになる。自らが播いてきた種であったとしても、「原発の再稼働はどんどん進めますが、使用済核燃料の置き場はありません」ではどうにもならないということだ。

最近の「地層処分」キャンペーンは、少なくとも向こう三年を目途に、使用済核燃料の再処理→地層処分選定実行の流れを造らねばならないことになっているのである。他方で地層処分の「科学的有望地」を決定すること、再処理技術を遅滞なく進めることにさらに手間取ったとしても、それを見越すかのように、新しい悪知恵をすでに進めている。使用済核燃料の「リラッキング」や「乾式キャスク」での急場しのぎの対応であるが、経産省はこの具体化を目指して、昨年一一月から「使用済燃料対策推進協議会」を発足させた。

使用済核燃料についての問題は、今日のわれわれにとっては次のような課題としてある。

一・原発を再稼働するしないに拘わらず、既に一万八〇〇〇トンの使用済核燃料が存在している。貯蔵・保管されているのは各原発敷地内に約一万四三三〇トン、六ヶ所村の燃料プールに三〇〇〇トンであるが、使用済核燃料が持つ放射能の危険度は、使用前核燃料とは全く桁が違うレベルである。また核燃料が蝟集することによる再臨界の危険もある。東電福島第一の事故で関東地方を含めた重大な危機が予測されたのは使用済核燃料の再臨界危険ではなかったのか。

二．使用済核燃料の存在自体が極めて危険なものであって、これは今日まで原発サイトに事実上放置され、運転が続けられ、再稼働が進められるごとに、その危機は一方的に増大させられてきたものである。伊方三号機等に続いて、今後、再稼働が進められれば、使用済核燃料の保管・貯蔵の場所がなくなる。再稼働推進にとっては、最大の直接的ネックとなる。これは、原発推進という立場からすれば「再稼働したい、だが使用済核燃料の置き場が無い」という二律背反である。

三．危機・危険要素の相対的増大に対して、政府関係者は、電力の安定供給を旗印に「経済的リスク（国富の流出等）」を避けるという選択をしつつある。「使用済核燃料増大の危機」を厭わずに経済を優先させるのは、彼らの根本的理念であり、国民的願いを基本的に無視するものである。経済に優先するものはないという原理原則であり、われわれとは異なる原理である。

四．現時点で保管されている一万八〇〇〇トンの使用済核燃料を再処理すると、これだけでガラス固化体としての高レベル放射性廃棄物が二万二七〇〇トン発生する。全量再処理し「これを地層処分する」というのが政府の当面の基本的な政策であり、早急に実現しなければ、「再稼働したい、だが使用済核燃料の置き場が無い」の二律背反を克服できない。

われわれは、今日すでにある「一万八〇〇〇トン」の使用済核燃料の処理をどうするのか、原発の再稼働によって再び増大する使用済核燃料をどうするのか。両者はまるで似ているように見えるが、問題の解決方法は根本的に異なる。後者の解決は、原発の再稼働を行わなければよいというだけのことである。前者の問題は「もし今後、原発の再稼働を行わない」という英断がなされれば、それを大前提として、全国民的叡智と協力が寄せられるに違いないが、そのような英断がなされなければ、国民的理解と協力は絶対に得られないのも明らかだ。

五．原発の再稼働についても、核燃料サイクルについても、軽水炉におけるＭＯＸ燃料の使用についても、使用済核燃料の再処理についても、高・低レベル放射性廃棄物の最終処分（場所）も、何一つとして国民的合意を得られていないにも拘わらず政府主導で強引に進めてきただけである。

**その六　最終処分―地層処分**

イ　「わが国における高レベル放射性廃棄物地層処分の技術的信頼性――地層処分研究開発第二次取りまとめ」が発表されてから一六年たつが調査方法等について重大な進展があったか。

ロ　「第二次取りまとめ」は「なんとなくできそうだという印象を与えようとしているにすぎない」（『科学』）。

ハ　「これ以上調査することは不可能で現時点での判断＝決断を下さざるをえない」というのは、決して「科学的な判断」ではなく、政治的決断にすぎない。

ニ　つまりこの「第二次取りまとめ」は一九九七年の「原子力委員会バックエンド対策専門部会」の報告書に従っているにすぎない。この報告書は「第二次取りまとめに向けては、（中略）変動帯に位置する日本においても地層処分にとって十分に安定な地質環境が存在し得ることを明らかにすることが肝要である」と述べているとおり、あらかじめ結論が決まっていた（『科学』）。

ホ　今日までに発生してしまった使用済核燃料は、百歩譲って「ヤムナシ」としても、それ故、今後は発生させない、すなわち原発を運転しないという政治的決断が求められる。

ヘ　推進論における「地層処分」の方法は、科学的態度を放棄して見切り発車的な政治的決断をしたものだ。

ト　ニューモが地層処分の実施主体と決められてから一六年経過したが、科学的有望地は今も決定していない。決定していないのは、ほとんど決定できなかったというべきである。地層処分で安全だということに、国民的合意を得るには余りにも不十分であること、また科学的有望地なるものの政治的決断は可能であっても、科学的判断には遠いところにあったからである。

チ　今後如何にして「地震の影響をまぬがれるか」ということについて、お得意の「確率論的リスク評価」の手法が用いられるであろうか。

リ　最も過酷な条件を与えて厚さ一九〇ｍｍの炭素鋼オーバーパックの実践的な錆・腐食試験にとりかかっているだろうか。この試験によって二〇〇〇年間は大丈夫という実験結果が得られているのか、というと得られていない。

ヌ　ガラス固化体の脆化問題があるが、実際のガラス固化体を使用した試験が可能なのか、行ったのか。可能だとすればなぜそういう実践的な試験を行わないのか。

ル　閾値（しきいち）の思想→科学技術上よく採用されるが、これは科学実験上で許される許容範囲に過ぎず、結局は非科学的な判断であり、絶対的にあり得ないということを決定する政治的決断であり、思想である（彼らは自らを科学的と称する）。

ヲ　地震からの影響を免れる地層が広く存在すると推定するのは自由だが、これは政治的判断というものである。それは実証されなければ科学とはいえない。

ワ　高レベル放射性廃棄物を地層三〇〇〜一〇〇〇mの深地に埋設処分するというのは一九七〇年代以降の世界的傾向であるが、日本でも一九七六年には地層処分の研究に重点がおかれるようになっている。が、その処分地選定はいずれの国でも困難を極めており、その処分地を決定しているのはスウェーデンとフィンランドのみであり〈デジタルコレクション〉、それも「直接処分」である。

カ　「日本学術会議は現代科学の限界を指摘し、地層処分を前提としない暫定保管を提言した（二〇一二年）」〈デジタルコレクション〉のは、その合意形成が非常に難しいかということを示しているものだ。

ヨ　常陽（高速増殖の実験炉炉）も二〇〇七年に事故をおこし運転休止した。

タ　一九九七年、MOX燃料を軽水炉で利用するプルサーマル計画が閣議決定された。

レ　藤村陽一、石橋克彦、高木仁三郎氏による「わが国における高レベル放射性廃棄物地層処分の技術的信頼性、地層処分研究開発第二次取りまとめに対する批判」に対して、「「高レベル放射性廃棄物地層処分の技術的信頼性批判」に対する見解」（核燃料サイクル開発機構：二〇〇〇年一〇月）は「もともと地震の発生国であるとの前提から出発している」「この段階において地層処分の成立が困難な条件を並べ立てることは適切ではない」などと言うが、少なくとも、日本は諸外国と比べて地層処分を行う地理的環境は非常に不利な状況には変わりがない。諸外国のうち処分場が決定しているのは日本とは地理的、地勢的環境が全く異なるフィンランドとスウェーデンだけという現状を厳しく受け取らねばならない。

## 第二節　経産省前テント撤去の強制執行

テント裁判は二〇一五年一〇月二六日の控訴審判決（控訴棄却判決）後、直ちに上告しましたが、二〇一六年七月二八日に最高裁第一小法廷により上告棄却の「決定」が下されました。最高裁の法廷は開かれなかったのです。一応裁判はここまでで終了ということになりました。決定発表まで最高裁での抗議行動や要望書の提出などいろいろ工夫して精いっぱい闘いましたが、要するに国・経産省側が起こした民事訴訟では負けたということです。このような結果を予想もできたのですが、残念ながら仕方ありません。

上告棄却の決定時点で最大の問題は、いずれテント撤去の強制執行がなされるであろうということでした。それが何時どのように行われるか詮索をしてもどうにもならず、その覚悟を決めて、非暴力によって迎え討つ以外のことは格別な対応策はあり得ませんでした。

結局、八月二一日未明、裁判所執行官・執行吏員等、そして警備の警察官等、総勢数百名によってテントは撤去されました。いうまでもなく突然のことで、日曜日の、しかも未明に行うという異例ずくめの強制執行でした。泊まり込みの五名は、必要な連絡を行いつつ毅然としてテントを退去しました（後で、その時の撤去費用なるもの六九五万七五七六円也の請求がきました）。

私自身は、六時半頃強制執行の連絡を自宅で受け、八時半ころには霞ヶ関の現場に到着しましたが、その時はまだ撤去執行の最中で、高い塀と周辺を警備に囲まれ馴染みのテントはまるで見えませんでした。来るものがきたという感じでした。撤去の細かい様子は分かりませんが、私たちは九時から抗議集会をやる予定でいましたが、午前九時には撤去作業は終了し、いつものテント前での抗議集会を行いました。さらに一三時から記者会見を行い、極めて不当な強制執行であること、断固としてこの場で闘い続けることを意志表明しました。

そして翌日の八月二二日から、今度は台車で椅子や横断幕を運んで座り込みを開始したわけです。これは今日でも毎日続けられているところです。

損害賠償について整理しておくと、次のような状況になっています。

① 二〇一六年七月二八日の最高裁の決定で、東京地裁の第一審判決がそのまま確定しました。

② その前、二〇一五年九月一八日に控訴棄却の判決が出されましたが、その時点で上告するかどうかに関わりなく控訴時に申請した「仮執行停止」の効力がなくなる一方、本来はこの供託金

は返却されるべきものですが、しかしそのまま損害賠償に引き当てられてしまうわけです。その計算書は、二〇一五年一〇月三〇日と一一月二日の二日にわたって二五〇万円ずつ正清、渕上によって弁済され、賠償金に充当したということになっています《二〇一六年一月五日、債権差押及び転付命令：東京地裁》。

③ ②の計算をして、二〇一五年一二月七日現在で合計二九八〇万八九七〇円を支払えということになっていました。一方的に銀行預金を差し押さえた約七〇〇〇円余を差し引き済みとなっています。すなわち損害賠償金の計算は日額二万一九一七円（閏年は二万一八五七円）は、どういうわけか二〇一一年一〇月二七日から起算しています。

ついでの話ですが、訴状には「平成二三年一〇月二七日から〈中略〉使用料相当損害金〈中略〉及び延滞金につき、それぞれ平成二五年三月一四日付で納入告知をおこなった」というのみで、損害金の計算起算日がなぜ二〇一一年一〇月二七日なのかの説明はありません。なおこの二〇一一年一〇月二七日というのは、「福島の女たち」が大挙上京しテントで座り込みを始めたその日であり、まさに記念すべき日付なのだ。もし経産省が二〇一一年九月一一日から起算するのではなく、あえて「福島の女たち」が上京したその日を意識して起算日を決めたとすれば、「粋なはからい」とも言えるし、何かのサインのようにも思えるから不思議だ。

④ ③の時点で賠償額の元利合計二九八〇万八九七〇円になっていますが、その後二〇一五年一二月八日から二〇一六年八月二一日までの日額合計と年五％の金利の延滞金が積み重なっていく

ということになります（二〇一六年八月二一日の時点で延滞金込み概算は三七〇〇万円）。

ともかく法律的には払わなくてはならないわけです。国の側がなにがしかの損害金を取り立てる法的権利を得たということです。しかし差し当たりそのようなお金がないので、払えないという状況に対して、その結果どのようなことになるのか、「よくわかりません」というのが正直なところです。テントの物理的な強制撤去とはちょっと趣が異なります。

「賠償金カンパ活動などをしてそれを支払う」方法を考慮したこともありましたが、この裁判に対する基本的立場に関わる問題であること、並びに裁判の過程で「訴訟当事者を拡大することができなかった」ということから、あえてそういう方法は採用しませんでした。テント裁判を守る会が賠償請求を考慮して集めてきたカンパは今後の「脱原発運動」のために有効に使っていただくということになりました。

## 第三節　経産省前テントここに在り

### ●原子力安全の根本問題　推進論者の高み　その一

原発推進論者は、ある高みから原子力反対論を迎え撃つ。高みとは、国家権力そのものが持つ強大な力であり、原発に関するあらゆる情報の独占状態から生まれている。非常に単純な例を言うと、例えば、東電福島で、フランジタンクから汚染水が漏れたとすると、まずそれが分かるのは彼ら東電自身であるが、われわれは彼らによるその広報が行われない限り全く分からないのだ。その点に関する詳細なども同様で、漏れた数量、汚染水濃度の詳細、その汚染水の経歴等全て彼ら任せであって、それ以上のことは、具体的に追求しなければ分からない。こうした高みにいるということは十分自覚され情報はいくらでも操作できる。

例えば「五・四万Bq／Lのトリチウム汚染水が三二五L漏れた」としても、公表にあたって「規制値以下のトリチウム水が約〇・三トン漏れた」としても取りあえず格別には問題とはされない。トリチウムの海洋投棄の規制値は六万Bq／Lだから、五・四万Bq／Lは規制値以下であるのは明らかだし、あとは四捨五入をどこで行うか、だけのことである。そこで再度の追求・質問がなければこれ以上のことは結局分からずじまいで終わってしまう。

これが直接報道に記者発表されたとしても、報道の方が公表しなければ一般の人は知らない状態が続く。よほど重大な事件だと報道が理解しなければ、最近ではこの程度のこととして実際上報道は握りつぶしてしまう。それでも情報は公開されていることになっているのだから始末が悪い。すると私たちが必要な情報を得るには、東電発表等（東電が発表すればのことだが……）について常時、系統的にウオッチしていなければ不可能なことである。最近（二〇一六年四月二〇日）、RO濃縮汚染水を移送する作業中にその汚染水が漏れたという事件が起こった。

この情報は、二〇一六年の五月一一日に行われた原子力規制委員会第八回会議の議事録を眺めていて初めて分かったことなのだけれど、四月二〇日直後にマスメディアの報道はない。

ようやく何らかの情報のキッカケを得たとしても、私たちの難題は大きくなるばかりである。少し長くなるが、以下は二〇一六年四月二一日の東電の記者発表で、ほぼ発表通りの内容である。

「四月二〇日一七時四五分にG6移送操作開始し、一八時頃当該部分漏えいなしを確認していたが、一九時二〇分頃G6タンクからJ1タンク間の配管で水の一滴／一秒の滴下を確認した。速やかにビニール養生実施。二二時頃応急処置実施（吸水材・土嚢・保温材取り外し養生）し、翌二一日一五時頃、当該部養生内の溜まり水は増加していないことを確認した。漏えい水（性状）は全β（線）：二・六×一〇五Bq／L、セシウム134：一・一×一〇三Bq／L、セシウム137：五・一×一〇三Bq／L、コバルト60：一・五×一〇三Bq／Lである。漏えい量は、約二・七L（一秒一滴が三〇分継続したと推定した場合）、C排水路までは約七〇m離れており、海へ接続する排水路への排出はない」というものだ。

そもそも「G6移送操作開始」などと言われても、素人は何をG6から移送したのか分からない（RO濃縮水という文言もないのだから）。あらかじめそのG6にはRO濃縮水が貯めていたことを知っていなければすぐには分からないことだ。記者が何か質問でもしない限り正確なことは伝わってこない。結局、二〇一六年五月一一日の規制委員会の会議資料を合わせて読んで初めて、RO濃縮汚染水を、G6タンクからJ1の汚染水タンクに移送する際にそのG6タンク付近で汚染水の滴下が発見された、ということがようやく分かるという仕組みである。さらに普通は、RO濃縮水などと言われても全くピンとこないものだ。

ＲＯ濃縮水とは、タービン建屋などに溜まっている汚染水について、まずＲＯ装置（逆浸透膜装置）を用いて、塩分やストロンチウムを取り除いたもの。私自身が必ずしもリアルに理解できているわけでもないのだが、ともかくそういうことです。

ちなみにこの報道をＮＨＫが行ったとすると「事故を起こした福島第一で汚染水が二・七Ｌ漏れました」と言うくらいだと思うが、汚染水と言えば通り言葉になっているので何となく分かるにすぎないが、「ＲＯ濃縮水」と言うと今度は「ＲＯ濃縮水とは何か」を説明しなければならなくなる。それもメンドウナコトヨナと考えてしまう。うっかり「高濃度汚染水」などと言うと、今度は東電の側から「偏向報道だ」とイチャモンをつけられるかも知れない。だから初めから報道しなければ問題なく一番良い、というような具合になるのか？

つまり何を言いたいのかというと、あくまでも例として申し上げているわけですが、原発ないしはその事故というものについての情報は、専門用語も多く、当事者から例え正直に発表される情報であっても、その理解力に差がありすぎて、その共有が非常に難しいということです。

われわれもいろいろ頑張って学習・研究していかねばならないのだけれども、運動の方も忙しくて、例えば「ＲＯ濃縮水」とは何かとはその場ではっきりさせることもできずに、したがってすぐに暴露もできずに、「ともかく危険だ！」と言うしかなくなるという具合になってしまう。だから具体的な運動という面で頑張っていくと同時に、それを理由にして原発に関する学習・研究を怠ってはいけない、ということです。訳の分からないことを言われて、サヨウデゴザイマスカではくやしいじゃないですか。

## ●原子力安全の根本問題　推進論者の高み　その二

日本の原発は国策民営です。その意義とは何かと考えなければなりません。国策というのは国が基本的な政策として推し進めるということで、あだやおろそかで止めてはいけないことになります。ともかくそのように決めてしまったのが、一九五五年の原子力基本法でした。同法第一条では目的として「エネルギー資源を確保し、学術の進歩と産業の振興」が謳われています。

結局、推進論者は二〇一一年の東電福島第一の大事故にもかかわらず、資源の少ない日本という国が、その先進国としての国際的経済的地位を確保しつつ、エネルギー政策をどうするのかということになって、原子力による発電はどうしても二〇〜二二％は必要だということを決めてしまう（二〇一四年エネルギー基本計画（二〇一四年四月閣議決定）及び長期エネルギー需給見通し――経済産業省）。

しかし原子力発電は非常に危険なもので、その安全は必ずしも保障できない。使用済核燃料の処理問題も、高度放射性廃棄物の最終処分の見通しもないまま、危険性がどんどん積み重なっていくが、最終的には「経済」を優先させる結論となって、再稼働や核燃料サイクルを推し進めることになる。日本経済としての必要性と原発が一定規模以上社会的に存在することの重大な影響については、確率論的リスク理論といったもので平気で凌いでしまう。

だから「経済か命か」というような対立軸となるのは当然の結果なのだが、中間的な世論にとってはまことに選択しにくい課題として提示されることになる。非常に理解しにくい問題設定となる。原発は危険だが経済も大事、ましてや自らが直接かかわる地元の経済については疎かにできないという曖昧な判断を強いられる。この間には一応、第三者的に独立した機関としての「規制委員会」の判断・審査というのがあるわけだが、それは政治的判断を含んでいるにも拘わらず、「規制基準に適合しているのかどうか」の判断をするだけとされる。信頼はされていないが、相対的には「安全である」ということを強調する結果となる。

彼らがつくった法律や規定や基準・指針・その解釈といったもの、これも全部事務局が用意して規制委員会が了承したことになっているが、抜け道はいくらでもあるわけだし、これ自体が国民とは初めから大きく乖離している。

例えば原発の再稼働問題は、設置許可申請→審査会合の審査→規制委員会による決定→パブリックコメントの実施→申請許可→地元への要請→地元自治体と知事の同意→再稼働という流れとなっている。その後の工事計画、保安計画、使用前検査等はあるが、基本はこの設置変更許可である。

そして、この地元への要請というところに、国の様々な介入・脅迫（国レベルからのアメやムチによる作用）がある。審査会合や規制委員会による決定の議事録は一応、公開されているが、それを一見しただけで、しっかりと議論・検討が尽くされていないことが分かるが、スタッフもいない個人としての五人の規制委員が膨大な資料と事務局による専門的な説明を理解するだけでも大変なことと思われる。そうして事務局提案をほとんどそのまま承認して、決定となっていく。ちょっと面白いのは、規制委員に対する事務局（規制庁の審議官や各担当者）は、まるで原子力事業者を代弁するような形になって会議に臨んでいることだ。事務局を担う原子力規制庁の政治的立場が露骨に示され貫徹されている。だが、結局は官僚が責任を取ることはない。

### ●諦めないで闘うこと

現在「経産省前テントはあるのか？」と聞かれると、「ここに在り」と応える以外にありませんが、当然ながら強制撤去を予測できたわけで、その段階で、仮に撤去されても経産省前で座り込みを続けることを決めていました。それで「**経産省前テントここに在り**」という横断幕もつくっていたところです。座り込みというのは少し努力すれば多くの方々が参加できる戦い方です。裁判では一応テントは不法なものという結論が出されたけれど、我々は不法であるというのが不法である、という論理に立っているわけで見解の相違といえばまさにその通りです。にもかかわらず「不法であるというのが不法である」という論理を実践上貫徹できないとすれば、一方では敗北を認めざるをえない。貫徹できないというのは彼我の力関係でこちらの方がかなり劣勢に立たされているからです。もし、と言うことが許されるとすれば、日曜日の八月二一日の未明に首尾よく数千人あるいは数万人の反対者が現場におれば、取りあえずは撤去を阻止できたかも知れないし、その大規模な闘いによって「強制撤去」を政治問題化できたかも知れません。

だがそれを言ってもやはり詮方ないのです。問題はここからです。テント裁判で一審判決が出た直後に、テント裁判弁護団長である河合弘之弁護士が「闘いは勝っています。皆さんが諦めずに闘っているからです」と語ったことがある。この発言は決して軽々しいアジテーションではありません。小さな一人ひとりの人間が、強大な国家権力に立ち向かうときに、その強大さ故にたじろぎ諦めるのではなく、裁判であろうがテントであろうが諦めず闘い続けることが勝利への道だ、ということです。だから勝っているとも言えるのです。

いま経産省前テントは、決して諦めない人びと、つまり脱原発の意志を強く持つ人びと――脱原発の意志を変えない人びと――に支えられ、闘い続けられています。これは長期にわたり複雑でもある闘いを強いられているわれわれには、非常に受け入れやすい論理です。また、三・一一以来の脱・反原発運動の盛衰を経験してきた全国の人々も共感できるところと思います。

## ●本当に「自由に闘う」ということができるのか

しかし、諦めないで闘い続けるとどうなるのか、という質問が出ても決しておかしくはないのです。否、勝利に向かってもっと積極的な何かがないのか、ということでもあります。

こうした問題について、直接の答えはなかなか見つからない。それで苦し紛れに「必ず情勢が変わる」とでも言いたくなるところです。諦めないという決断は「決して諦められない」個人の情念が支えるのですが、「情勢が変わるかも知れない」という見通しを否定するものではありません。けれども、やはり、理屈っぽいなという印象はまぬがれません。

ですから、テントを初めて建ててしまった当人からすると、「勝利に向かってもっと積極的な何かがないのか」ということにコミットしたくなるのです。直接の答えはなかなか見つからないことも分かっているのですが、ヒントはあると思います。

私たちはたまたまテントを建てて闘ってみたということで、その流れのなかで次はどうするということになります。しかし、この「流れの中で」と言うとき、どうしても自らがその流れに拘ってしまいがちです。例えばどうしてもテントだけは守らねばならない。一見その通りですし、そうしたいというのも当然です。少し極端な闘い方は他にもたくさんあるはずです。

それは、闘いに決まりがあるわけではないということです。どこでどのように闘うのかは、生身の現実の中で闘う当人が決めることとです。もちろん闘う当人が一人でということもあるでしょうが、複数であったり大勢であったりします。

一人でも闘うというのは、その一人が先鞭をつけるということですし、洗練された戦術を選択することもできるし、それに複数の闘いが続くであろうという構想も必要となりそうですが、必ずしもそうではなく、取り敢えずは全てを一人で決めてよいのです。

複数で闘うのも同様の構想があるはずですが、複数共通のある程度の一致が必要です。これは少し難しい。

大勢で闘うというのも同様ですが、大勢で決めないといけません。もし脱原発の実現をいわゆる国政選挙だけに頼らないとすれば、そして政治家によるちょっとした政策の変更ということに頼らないとすれば、たくさんの人々が「政治の表に登場して『脱原発』を政治焦点化してモノを申す」以外にはありません。国民大衆のある程度は野放図な壮大な運動です。そのようになる長く複雑な過程があるわけですが、現在はそうした状況に向かう持久戦が始まったとも言えると思います。今からその長く複雑な過程を見通す定型はありません。だからこそ、「積極的な何かがないのか」という時、様々な回答があり得ると思います。

それは結局のところは、それぞれ戦術的内容を含んだ当面の決断を実行に移すことではないでしょうか。東京高裁が二〇一五年一〇月二六日、控訴棄却判決を下したのですが、その直後に開催された二度目のテント運営委員会に意見として提出した文書があるので、その一部を参考として掲載します。会議では十分な説得力がなく、否認されたものですが、考え方の一つとしてぜひ示しておきたいと思うからです。

意見書

（前略）一つの前進基地の評価は、我々の側から見て、テントは「戦局の行方を決めるほどの重要な陣地」であると言ってもよい。事実、テントは二〇一一年来の脱原発運動において、少なからずの貢献をしてきたし、また期待もされている。

だが、陣地は一つの物理的存在であるし、陣地を巡る攻防は、また彼我の物理的力関係に帰することである。最終的には物理的攻防により、それを自ら放棄する場合もあってしかるべきである。第二次大戦において、日本軍が太平洋の島々で玉砕をしていったが、戦術的に重要な意味があったからではなく、「自らが放棄できなかった」というだけのことである。撤退したり放棄すると、何となく日和見主義的に見えるし、事実そのような傾向を明らかに内包する。

テントが、今日問われているのは、こういった問題を含んでいる。しかしテントの撤退を戦術的問題として考えることは重要なことである。とりわけテントを守る体力的限界については一顧されても良いし、その上でさらなる闘いが継続されるのである。

経産省前の空き地にテントを建てて抗議するというのは実にユニークなものであったが、仮執行付きという高裁判決に対応して、改めてユニークな発想を実現できないだろうか、と思う。

その判決が不当なものであるにも拘わらず、一定の期間を区切っての撤退を表明することは、改めてユニークな選択となりえる。○月○日までに当該土地から撤退するという表明は、運動の攻防における主導権を確保する問題意識と重なるものと思われるし、わが国の左派的大衆運動の新たな発展にとって、歴史を画するかも知れない。また、盛大な撤退集会などを開いて、脱原発運動の継続と再開を誓うことにも重要な意義を認めることができるのではないだろうか。何よりも形が美しい。内外に明らかにして堂々と撤退するのである。
　もちろん後世に悪名高く伝えられるかも知れない。
要は、非暴力不服従という形でいつ来るか分からない強制排除をクビを長くして待つのか、さっさとこちらから出て行くのかの差異なのだが、前者は我々の身内的常識に近いが、後者は新たな日和見主義的結論にさえ見える。後者を選択する場合には、日和見主義的とか少なくとも多くの支持者の共感に水を差すものとして批判されることを覚悟する必要があるし、主催する側に相当多くの、気持ちの良い賛成が必要である。

　これだけでは、もちろん真意は伝わりにくいし、日和見主義そのものにしか見えないかも知れませんが、要は「どうするのか」はわれわれ自身が決めることであって、それは既成の硬直した価値判断にとらわれることなく、現実に根ざした、全く自由な発想に基づくものであるべきだということに他なりません。そして同時に「この意見書」を運営委員会が拒否した結果として現在の「経産省前テントひろば」があるのだ、ということも忘れてはならないと思います。

〔原文算用数字は一部漢数字に変更――編集註〕

# 間奏　テント前史

## 「9条改憲阻止の会」の経験――大衆運動か革命運動か

いきなり「大衆運動か革命運動か」とは誠に恐縮だが、六〇年代初頭から始めたいわゆる社会運動、はっきり言えば階級闘争としての革命運動を九〇年代中頃にいったん退いていたのだけれど、今の脱原発運動を闘うことは「三・一一」という現実の中で自然な成り行きでもあった。ただし、たった一人で始めたわけではないことから、二〇〇六年以後の「9条改憲阻止の会」を通じての「闘いの再開」からお話申し上げることとしたい。

### 第一節　本音と建前

#### ●改憲反対の呼びかけ

二〇〇六年、「6・15樺美智子追悼国会デモ」の呼びかけがあった。京都の小川登さんからです。大学の授業で憲法問題について論じたのだが、「そう言う先生は何をしているのか」という疑問が出されて、はたと考えさせられたということだったらしい。授業は日本国憲法はすばらしいもので、これを守っていかねばならない、というような趣旨であったと思われます。

小川さんは六〇年安保全学連の闘士です。自分の若い学生にこのように指摘されて、小川さんは「そうか！」という思いにかられて、全国の知り合いに呼びかけを行ったはずです。関東にもそれが伝わり、四月には衆議院憲法調査特別委員会の傍聴なども行い、6・15の記念すべき日に行動を起こそうということになったのだと思う。

私の方は一九九五年の秋に会社が倒産し、それから借金を返済し始めるのだが、二〇〇六年というのは、借金返済の目途もある程度立った頃でした。

私にも蔵田計成さんからそれが伝わったが、当初は全く食指が動きませんでした。日本国憲法の改定には反対です。かつて改憲反対ということで激しく闘ったこともありますが、しかし何で今さら「国会デモ?」という気分。確かに日本国憲法は守らなければならないが、自分自身はこのような社会運動から退いていたし、それはそれなりに理由があったのだし、もったいをつける気はさらさらないが、簡単に双手を挙げて「改憲反対」賛成とはいかなかったわけです。

## ●改憲反対か樺さんの追悼か

呼びかけが、改憲問題と樺さん追悼がセットになっていたのが、私にとってはミソとなっていたのかもしれません。

六〇年安保は安保改定反対と樺美智子さんの死。総括的に、岸内閣が打倒されて岸信介が意図していた改憲の課題が遠のいた(改憲の阻止)ということもあったが、少なくとも中心課題は直接に改憲反対・平和憲法を守れということではなかった。

彼女が亡くなったのはもちろん安保改定反対闘争の最後の過程であって、権力による虐殺と言えるもので、樺さんの死は安保闘争を闘っていたすべての人びとの憤激を駆り立てるものだった。

その前月の五月一九日国会会期延長が強行され、そのことにより安保闘争はさらに全国に燃え広がった。会期延長は不当だ、民主主義を守れということである。しかも会期延長によって、新安保条約の批准は、制度的には自然承認を待てばよいということになっていた。どうしても安保条約の批准を阻止したければ、超法規的な方法しかなくなったという切羽詰まった状態になり、私自身は高校生ながら、どうすれば自然承認の前に内閣を総辞職させる――岸内閣が総辞職すれば事前承認はなくなる――ことができるか悩んだりした。

国会周辺は連日デモ隊で埋まるという状況になった。六月一〇日にはハガチー事件が起きる。当時の全学連は、一九五八年に創られた、日本共産党に代わる新しい前衛政党を目指した共産主義者同盟（通称ブント）に指導されていたが、ハガチー闘争を闘ったのは全学連の反主流派で、ブントは党派的な利害からこの闘争を避けるという、大衆運動という点からすれば重大な汚点を残すことになった（ブントの政治方針にないのだから闘えない）。

ちょっと横道に逸れたが、「ミソ」というのは、当時闘っていた多くの人びとが、同じ戦線で虐殺された樺さんに対する哀悼と自らも安保反対で闘っていたという思い出とともに、社会が危険な方向に行こうとすることについての直感が「樺美智子追悼」という言葉に結びつける。たとえ憲法改正に反対ではなくても、「樺美智子さんを追悼しないのか」と言われれば答えに窮する。言い換えれば、６・１５ではなく「樺美智子さん追悼」がなければ、この集会・デモには参加しなかったかもしれないということです。一九五八年来、日本共産党に代わる真の前衛政党の建設ということに失敗しているわけだから、いまさら個別の闘いとしての「改憲反対」というのはあまりにもダイレクトすぎて、直ぐには反応できなかったということでもあります。

ちょっと分かりにくいかもしれないが、この集会・デモに、自分では改憲に反対だから参加するというのではなく「樺美智子追悼」で参加する、そしてこれを呼びかけてくれた先輩諸氏への義理と人情で参加するということなのでした。この義理と人情の問題はあとでまた申し述べることになるかもしれないが、まあうまく言えないが「樺美智子さん追悼」と「改憲反対」を呼びかけるといったことか……つまり、「樺美智子さんの死」を思うということの方が自然な受け止め方だったと思う。逆に「改憲反対闘争」を素直に受け取れないという心境でした。

### ●二〇〇六年の6・15——ちょっと引いて参加していた

当日集まったのは六〇年安保世代が中心ですが、それに七〇年安保・全共闘世代、わずかにそれらより若い世代という構成。小雨が降っていて日比谷公園に集まったのは全部で二〇〇人くらいいたのか。蔵田さんが中心になっていました。蔵田さんも言っていたが、六〇年安保全学連が揶揄した「お焼香デモ」を私たち自身が再現したわけです。私自身は誰かを誘うようなこともなく一人で参加したのですが、普段ほとんど会わない古い友人・知人が大勢いるわけです。やあやあということで同窓会のようなものになった。デモの後、誰かと、かつて同じML派の鈴木さん他で一杯飲みに行ったような気がする。

「改憲反対」を素直に受け取れない、というのは、ちょっと怒られるかもしれないが、今さらということで何となく照れくさいわけです。そういう感じは昔何かやっていて今は止めているという人が持つ一種の外連味〔けれんみ〕ですが、ともかくそういう感覚を持っているわけで、これはこれで仕方がない。けれども格好の良い理屈があるわけでもない。確かに日本国憲法の改定には反対ですが何もしません、では世間には通らない。行動が要求されるわけです。そういうことは本人が一番よく分かっているわけでして、「そう言う先生は何をしているのか」と問われた小川さんと同じ立場に立たされたことになります。

しかしやっぱりちょっと引いている、そんな感じです。私がというより、皆さんも多かれ少なかれ、そんな感じをもっていたと思います。「改憲反対！」というと、何となく照れくさいな、という感じです。本音と建前みたいな感覚をいつももっているわけですから、日本人は。

## 第二節　大衆運動か革命運動か

### ●「9条改憲阻止の会」に突っ込んでいく

「阻止の会」に突っ込んでいったことには多少の経過があります。

先ほども言ったとおり、私自身はけっこう趣味的かつ付和雷同的性格もある人間です。当時、ひとつには放送大学に入学していたこと（未だに卒業に至らないのですが）、これは全く新しく勉強するといった感じでかなり新鮮な気分で面白かったりしているわけです。もうひとつはカントウタンポポというものに入れ込んでいる状況があったのです。

脇道に逸れますが、当分の間、革命とか党の問題は考えないということにしていましたので特にさしさわりのない範囲で、あまりお金のかからない範囲で社会というものについて、哲学や政治学の角度から勉強してみようと思ったのが放送大学。カントウタンポポの問題は、ある日の偶然で始まってしまって、今やライフワークといったところになっています。

さらに脇道に逸れてカントウタンポポのお話をいたしますと、二〇〇三年だったと思いますが、その秋に通勤途中でタンポポが咲いているのを見つけたわけです。確かに私のタンポポのイデアにピッタリ一致したのですが、「タンポポとは春に咲くんじゃないの?」と重大な疑問が起きてしまったわけです。

それまではバスに乗って駅まで行っていたのですが、毎日いつ来るか分からないようなバス、それも乗客は必ず入口の方に結集――蝟集と言うべきでしょうが、そういうバスに乗らず、少し早く家を出ればイラつかないですむということで、駅まで歩くことに変更したのですが、その間もない頃でした。道端で秋に、タンポポの花を見つけてしまったのです。

自分が幼い頃から理解してきた「タンポポは春に咲く」という常識を覆されたというか、そういう常識を私だけがもっていたにすぎないのか、それは間違った常識だったのか、新鮮な驚きでした。

あれこれ調べてみると、カントウタンポポ(日本在来種)は基本的に春に咲き、セイヨウタンポポ(外来種)は客観条件さえあれば一年中咲くということが分かってきたのです。その秋に見つけたのはセイヨウタンポポだったわけです。それから、では在来種――〈カントウタンポポ〉はどこにあるのかという探索が始まったのです。

そんなわけで放送大学の授業とカントウタンポポの探索、それと地域の自治会活動などけっこう多忙だったのです。

そこに出てきたのが小川さんの呼びかけです。6・15の後も、これからどうするかという議論は続いていたと思うし、それなりに次の行動をどうするのかといった会議を蔵田さん中心に開いていたと思います。けれども私は今言った事情で、あまり積極的になれなかったわけです。

しかし夏になると安倍晋三の「美しい国へ」が発表され、とんでもない内閣が成立しそうになる。改憲反対と思っておれば良いということにはますますなりにくい。それに具体的に抵抗しなければならなくなってきた。その辺りは私もかなり単細胞だから、そこで自分としても、もう一番頑張らなきゃいかんかなということで、秋口から会議に参加し始め、確かその最初の日に「9条改憲阻止の会」という名称が決まったのではないかと記憶しています。後はなるようになってしまったというところです。

会議に参加してみると元○○という錚々たる方々が勢揃いしているわけですが、基本的に話が長い、単純明快な発言が少ない、相手が話すことに同意しても、「賛成」だけで終わるのではなく、延々と自分の言葉で話しておかないと気が済まないといったこと、総じて抽象論が多いといった印象を受けるわけです。

たとえば一〇月二一日、「10・21」をどうするかなどということになるわけですが、その意義についてそれぞれの角度からさまざま語られるわけで、しかし会議は一定の時間内に何かの結論を出さねばならないという絶対的制約があるわけです。考え方などについてしっかり議論するのは重要であることは言うまでもないのですが、見解の相違があると、必ずそれはあるのですが、そういう場合、どうしても相手の見解を粉砕・批判したり、黙らせるところまでやりたくなるようで、しかも逆に、相手の言い分を正確に理解してみようという傾向は極めて少ない。

イザとなると最後には相手にレッテルを貼って罵倒するようなところまでいく。私にもそういう傾向は強く残っているわけですが、他方でそうしたことをいくらかですが「対象化すること」ができたのかもしれません。私はそういうのを主観主義と言うわけですが、「ずいぶん時間が経ったが実践的にはあまり変わっていないなあ」という感想を抱かざるをえない。皆さん主観的には一生懸命、また真摯にやりたいとも思っているのでしょうが、それはほとんど間違ってはいないと思うのですけど。

そんなわけで、今度は会議に出るたびにイライラするようになって、自から司会を買って出て会議を仕切るようになってしまったわけです。交通整理をして効率的に時間を使って要領よく何かを具体的に決定したいというわけです。すると、今度は自分の発言や提案により大きな実行責任が付いてくるような気になるものです。もちろん発言と責任は別だという考え方もあってよいのですが、私はそういう考えにはなかなか立てない。「9条改憲阻止の会に突っ込んでいった」というのは、こういうことなんではなかったかと思うところです。

## ●ベルンシュタイン主義で

私自身は二〇〇六年の秋に会議に出るようになって、たまたま自己紹介しろということになって、私は当面、革命的運動なんぞは全くやる気はなくて、単に大衆運動だけをやりたいと思っており、そういう意味では「ベルンシュタイン主義、日和見主義でいきます」なんて平気で言っていたと思います。私に言わせると大衆運動と革命運動を混同するような雰囲気があったものですから、それに対する、まあ牽制的ジャブといったところです。

もちろん冗談です。ベルンシュタインが札付きの修正主義・議会主義で、レーニンは「運動が全てで目的は無だ」と手厳しく批判しているわけですが、しかし私からみて、とりあえず革命も前衛政党も駄目なわけだから、何かしようとすれば運動が全てと言わざるを得ない。革命の問題や党の問題から一切離れて、ひたすら大衆運動として関わっていくというスタンスだった。党や革命を目指すのはこの改憲阻止の会ではなく、諸個人が勝手に別のところでやってくれという立場だった。

言うところの社会主義革命も、今のところ情勢の判断から、全くの彼岸にある。この情勢はいわゆる客観情勢というやつだけではない。六〇年代末から七〇年代にかけての激闘を闘い、良かれ悪しかれ敗北したわれわれがいる、そういうことを含む情勢です。われわれは断固闘ったけれど負けてしまった、そして大衆運動の様相が大きく変わった。この変わったということと意図的な革命運動というのが全く結びつかないわけですね。私としては、そういうことを全く無視して、原理原則、イデオロギー的立場、即ち革命運動及びその意識や理論という見地から、大衆運動を見る、大衆運動を利用するという、そういう傾向に我慢がならなくなっていたということです。

大衆運動は六〇年代を境にして、その既成の革命派に都合のよい指導システムといったものが崩壊してしまったわけですが、中心的には学生自治会と労働組合です。学生運動でいえばいわゆる全学連もとうに崩壊している。いっとき「昔陸軍、今総評」といわれた総評も、学生に比べると少し長く生き延びるのですが、それも結局は崩壊した。

個々の労働組合でも学生自治会でも、戦後、左派はうまくその指導権を握ってきたと言えますが、民主主義のなかで、共に全員加盟制またはそれに近いもので、それ自体が正義なわけで、ついでに左派も正義であることになってきたわけです。それが学生運動でも労働（組合）運動でもその組織構成員としては当たり前のことのように見えたわけです。

けれども国民の全体的な生活水準が少し上がってくるなかで人びとの意識が多様化してくるわけです。民主主義的多数決制、したがって少数者も多数者に従うといった状態に大きな変化が起きてしまった。今まで自治会や労働組合を構成してきた個々の人びとは、それがなくても十分やっていけそうな状況（これが幻想であるかどうかは別の問題）もつくり出されて、それらに頼らなくてもよくなる。少々鬱陶しい旧い組織構成員であることよりも、自分個人の力を当てにして、さまざまな競争に打ち勝っていくのだという方向に向かっていくわけです。一般傾向としてこれは今後も強まっていくのではないでしょうか。

　そういうなかで旧態依然たる左派は急速に少数派に転落していったのですが、この人たちは戦後民主主義のなかで四、五〇年間に受け継がれてきた手法を身に着けているかなり筋金入りの左派で、そういう意味では立派な人びとで、革命運動という見地からすれば学ぶところもたくさんあるはずなのです。

　しかし、いわゆる大衆運動はどうなるのかという問題、この問題はいわば一応民主主義的な時代のなかで自覚できるさまざまな形で湧き起こる矛盾に対して、人びとがどのように選択的に立ち向かうのか、直ちに個々人が迫られる問題です。

　まあ私の場合は、大衆的運動それ自体と革命運動は全く分離しているわけでして、革命運動の方は失敗続きで、改憲反対運動で、改めて大衆的というか、大衆とともに要求を掲げて闘うということに特化したかったのです。

　世の中に沢山の矛盾があって、だからこそ人びとの闘いや運動が必然的にあるわけで、その限りにおいてのみ闘う。革命も大衆運動とともに闘うということですが、やはり異なるものであるというこだわりをもつことが、大衆運動を続けていくには必要なこととかなり強く感じていました。われわれは大衆的とか大衆運動とか平気で言うが、大衆そのものがいるとしたら、自分のことを何と称するだろうかと思うけれども、自らを大衆化する、だからそのぶん無責任にもなり得る、ということかもしれないが、「革命の問題を考えていたのでは？」という問題に関しては、意識の片隅で考えていたかもしれないが、やはりノンというのが正直なところです。やはり革命運動というのは自らが意図的、恣意的、目的的に闘うもので、したがって中央集権的な上意下達型の組織も必要となるはずです。そうでないものは革命運動ではないし、非常に中途半端ものと思われます。

## ●二〇〇七年の6・15——「改憲阻止の会」の華々しい登場

二〇〇七年の６・１５記念日比谷集会は、いわゆる全学連ＯＢを中心に準備されていくわけですが、組織論的には「改憲阻止」の一点で共闘し、「来る者は拒まず去る者は負わず」「小異を残して大同につく」といったものでした。これは先ほど申した当時の立場というか気分にはピッタリフィットするものでした。今でもそのとおりなのですが、このことは蔵田さんが言い出したことと思いますが、組織論的には全くそのとおりで、他の皆さんも公然とは反対できなかったと思います。私が会議に参加するようになった時にはそうした考えが会議で了承されていたと思います。私は本気でこれを実行するつもりでした。他方、綱領はおろか規約や会費もないというのが「９条改憲阻止の会」の特徴で、綱領や規約に縛られないというのは、これも今日まで全く変わっていない。すなわち構成員諸個人の自主的な行動組織として存在し続けてきたものでした。

それが当時の情勢のなかで、「９条改憲阻止」という古い看板だけで——元〇〇派とか全学連〇〇長など——その元〇〇がどのくらい珍奇なものであるか、これは自分にさえよく分からないことですが、むしろその珍奇さを売りにするような感じを含めて準備は進んだと思います。二〇〇七年春先にメンバーの合宿があったり記者会見をしたり、三月二〇日から議員会館前での座り込みを始め、二〇〇七年の「6・15日比谷」を宣伝していくわけです。6・15というのはメモリアルなスケジュールなわけですが、われわれの珍奇な力がどの程度のものか推し測ることにもなったわけです。

基本計画は、三月二〇日から五月の連休まで国会前座り込みから、6・15日比谷集会への段取りでしたが、この座り込みは今日の経産省前テントに繋がる内容を含んでいたと思います。

そして議員会館前の座り込みをどう具体化するかでは、かなりの議論があったと思います。

長期にわたって国会前で座り込もうということですから、それを合理的に進めるために、日比谷公園にテントを張ってここから国会前に行く、なども話題となりました。最終的には座り込みに必要な機材を車で朝運び、夕方に撤収するという形に落ち着きましたが、土、日を除く昼間に限られるわけですが、コアメンバーがその体制を作っておけば、それぞれの思いでいろいろな人が座り込み現場に駆けつけてもらえることになったのです。「阻止の会」の幟、横断幕、小さなテーブル、パイプ椅子などを運ぶ仕事は毎日のことだから大変なことであったけれど、第三者からすれば比較的参加しやすい形になった。いろんな方々が入れ替わり立ち替わり国会前にやってきた。もちろん古い友人などもだが、あまり面識のない人も含めてたくさん参加をしていただいた。

なかでも最も印象深かったのは守田典彦さん。小雨降る中、三月のまだ非常に寒い頃、まさに古武士といった風貌で、両手を膝に置いて背筋をピンと伸ばして、しかし寒さの中で小刻みに震えてほとんど無言で座っておられる。あまり気の毒なので毛布を捜して差し上げたのだが、偉い人がいるのものだと本当に感動した。あとで聞いたところ青山到さんであった。青山到さんは九大のブントでかなり早い時期に革共同に移行した有名な人だが、青山到という名前だけは知っていたのだが「守田です」としか覗っていなかったので分からなかった。直接お会いしたのは初めてであった。こういう方とともに闘っていることに誇りも感じました。

## ●「阻止の会」の党派的状況について

基本的にはいわゆる元ブント系と言えなくもないが、構造改革派、社民党系、無党派、現役の○○派など、ほとんどの元党派は参加していたと思います。現役を除けば、元の場合は個人としてはそれぞれ全く異なった経緯を経てきているわけです。そういう人たち全てが、少なくとも内部的には、互いに実践のなかで共同・連帯していけるよう努力されたと思います。ただ私が一番気を遣ったのは、現役の人よりも元党派だが個人として来ている人たちでした。それは、現役の党派だからいけないということではなく、党派の人は自分の寄って立つ基盤を別のところにそれなりにキチンと持っているわけで、純然たる個人とは相対的な強さが違うのです。他方で、党派（の人）はそれなりに全面的な理論や思想のもとにあるだけではなく、だからこそ、あらゆる場面で指導的に振る舞わねばならないという考えが私にはあって、したがって現役の人が妥協するにせよ突っ張るにせよ、全ては党派またはその人に還元されるもの、政治としてそういうものという割り切り方をしていたのですが、そういう意味では現役の人にもかなり気を遣うことになります。

先ほども述べたように、「来る者は拒まず去る者は追わず」「小異を残して大同につく」というかたちで進めていたのだが、とりわけ全自連系の人たちとはよく連携できたと思うけど、ブント諸派、旧革共同系やそこをやめた人たち、赤軍、それにML、そして現役の〇〇派などさまざまで改憲阻止ということでは、みな真面目に取り組んだ。「9条改憲阻止」という点での絆はともに実践することで自然に強化されていったと思います。

座り込みの最中に中核系の人たちと中核を止めた人たちの間での諍いがあったりしたが、それを私が超越的立場から全く意味不明なことを言って（「ここからこっちはあなた方の陣地で、ここからはあなた方の陣地でしょ、そうすると、自ずとこの辺りに見えない線があって、まあ立派であるべき党派の方がつまらないことで揉めれば名折れになります」てなことを言ったのですが）、一瞬にして双方を引かせるというようなことがあった。後に魔法を使ったなんて言われたけど。私はいわゆる左翼ないし過激派の運動からしばらく退いていたので、各派閥や出身党派と具体的人物がどうつながっているのか、必ずしも明確ではありませんでした。ですから盲、蛇に怖じずといった対応でもあったと思います。

## ●「来る者拒まず去る者追わず・小異を残して大同につく」の功罪

二〇〇七年の6・15日比谷集会は「改憲阻止の会」が大々的に登場する画期となる集会として

成功したのだけれど、そういうこととも関連して、成功の陰に別の問題も潜んでいた。

集会には雨宮処凛さんなどもお呼びしましたが、私は学生代表もあった方がよいとの判断で、結果として中核派全学連のO君を呼んだ。誰でもよかったのですが、ともかくその時点で学生運動として闘っているということで、結果としてO君でしたが、もちろん皆の会議での合意のうえです。これはTさんなどとの関係もあったと思う。

こうしてO君が日比谷集会で学生代表として挨拶した。この成り行きを第四インター系の人たちはじっと観察していたようで、彼らにとって不倶戴天の敵である中核派との関係を改憲阻止の旧ブント系の人たちがどう処理するのか、中核を切る、というようなことならば自らは「阻止の会」と協力できると考えていたと思う。ところがあっけらかんと「来る者拒まず去る者追わず」という対応で、第四インター系の人たちからはちょっと期待はずれな結果となった。以来「阻止の会」とは一定の距離を置くようになったと思う。

O君についてはもう少し慎重な配慮も必要であったのだろう。会議で議論したうえで決めたことだが、私は中核派と第四インター系の人たちの関係をもう少し推し測るべきだったのかもしれませんが、しかしその程度の問題であろうとも思います。今日でも党派的諸関係は、善かれ悪しかれ難しいということですが、少なくとも「来る者は拒まず去る者は追わず」という観点とその具体的実践こそが重要で、さらに見解の相違をどう処理し行動に向けて落ち着かせるかに、さまざまな方法を検討し、慎重であらねばならないということじゃないかと思います。

## ●「慎重であらねばならない」とはどういうことか

慎重であらねばならないというのは、それほど難しいことじゃありません。一九七〇年以降いわゆる左翼の側の、しかもかなり狭い範囲での複雑な党派状況がありますが、それだからこそ「来る者拒まず去る者追わず」という基本的な考え方は非常に意味のあることです。

来る者は自らの判断で文字どおり自主的に来るのだから、その理由の多少の追求は相手に失礼にならないように問い糾すのは良いとしても、やはり公式の理由を重んじるべきで、非公式になぜ来るのかという点ではあまり追求しないで、一致する部分を積極的に見出し、共同行動を追求すべきでしょう。また、去るとしても、口が裂けても「裏切った」などと罵倒してはなりません。去るという場合、その人だけの問題ではなく、こちら側にも問題が必ずあるはずだからです。こうしたことの実践を、あれこれに配慮しながら進めなければならないということです。行動計画について見解の相違があったとしても、できる限り穏やかな議論に留めるべきだし、短絡的・直線的に思想信条の問題まであげつらってしまえば、たとえ論争として「勝った」としても、互いに空しくなるだけで得るものはまるでない。その論争自体が空論に近いことが多いのです。

むしろ本来は、この広い日本の中で、ある意味命を張って頑張ってきていることの方にもう少し信頼を置いた方がよいと思いますね。結局、短い時間の意見の交換で一致しなかったとしても、「別個に進んで一緒に撃とうね」といった別れも必要です。

## 第三節　改憲反対と沖縄闘争

### ●「戦争放棄─交響曲第九条」

「阻止の会」は翌二〇〇八年五月「九条世界会議」を経て、六月一四日日比谷小音楽堂で「9条改憲阻止フェスタ」を開催しました。ここでもいろいろな工夫がなされましたが、望月彰さんがまだ健在で、彼の努力でベートーベンの第九交響曲に日本国憲法第九条第一項、二項をアレンジして、「戦争放棄─交響曲第九条」を完成させ、それを三〇人ほどの合唱隊が黄色のネッカチーフを首にまいて、フェスタの一場面として大真面目で歌うといったこともありました。

### ●明文改憲の後退と「改憲反対バンク」構想

安倍内閣が二〇〇七年八月には倒れてしまい、福田内閣、麻生内閣（二〇〇八年九月～二〇〇九年九月）と自公内閣のたらい回しが続きますが、この過程で新潟県中越沖地震（二〇〇七年七月一六日）があり、リーマンショック（二〇〇八年）もあったわけですが、インド洋給油問題など、自衛隊のイラク派遣（二〇〇三年一二月～二〇〇九年二月）以来の自衛隊の米軍への一体化が進み、改憲問題の実質的な先取りが行われ、その間、現役の航空幕僚長である田母神俊雄が、稚拙ではあるが「日中戦争は侵略戦争ではない」「日米戦争はフランクリン・ルーズベルトによる策略であった」「日本政府は集団的自衛権を容認すべきである」といった内容の「日本は侵略国家であったのか」を発表し、政府見解と異なるということで航空幕僚長を罷免される（麻生内閣）という事件が起きていますが、九条の明文改憲そのものは一見して後退していきます。

「阻止の会」は改憲反対の運動をかなり長期にわたる活動と位置づけて、江田さんの発案だったと思いますが、二〇〇八年一一月「９条バンク」運動を立ち上げました。

その構想は、次の「趣意書」のとおりです。

## ■「趣意書〈9条バンク構想　二〇〇八年一一月四日〉

平和を求めるわが国国民は、広く連帯を求め共働して「憲法改定反対」の運動を盛り上げていかねばなりません。確かに世論調査によれば、問われれば、特に『九条の改憲は反対』だという意見は六六％という数字となっていますが、もし政府与党が、今日の衆議院での改憲派を基礎に、これを政治問題化して強力に改憲を押し進めるならば、この六六％という数字が、何年か先の最後の「国民投票法」において、保たれるかどうかは極めて曖昧です。

世論調査は社会全体の流れの中でとは言え、一瞬の間における世論を数字で示したものにすぎず、政府与党が巻き返しのキャンペーンを張れば、それこそ一瞬にして逆転してしまう可能性のあるものです。国民自身に明確に示され、印象づけられ、しっかりと自覚せしめられ、且つ、具体的行動に結びつけられているものではないからです。

９条バンクは、上記のような問題についての一つの解答です。

改憲反対の運動は、大きな抗議集会を開く、小さな懇談会等を開く、デモ行進を行う、署名運動を行う等さまざまです。二〇〇八年五月の「九条世界会議」には約三万人の人びとが参加しました。ここに参加された方々は改憲反対運動に大いなる自信を持てたと思いますが、それは全国から人びとが集まり、反対の力を集めて一つの力として示すことができたからです。

けれども六六％の反対世論という数字から見ると、改憲に反対ではあってもここに参加しなかった人びと、参加できなかった人びとが他に四〇〇〇万人もいることになります。この人たちの力は今のところ潜在的なものであり、直ちに集会やデモに参加するという形をとらないでいます。しかしこの潜在的なものが、顕にされ政治の世界に表明されなければなりません。すなわち、集会参加などの具体的行動はとらないが、しかし「改憲には反対だ」という膨大な立場があり、その意見がその限りにおいて一つの政治的な力として表現できる場が必要なのです。今日までは、こういう問題に関して多くは「署名運動」という形で示されてきたと言えます。しかし既成の署名運動は、の新鮮さを失い、左翼的な手垢で汚れ、一種のウサンクササさえ伴っているのではないでしょうか。

とりわけ、何回も署名はしたがその先はどうなったのか、具体的な結論はさっぱり見えてこない、という事態は署名一般に関する信頼を完全に喪失していると言っても過言ではありません。

9条バンクは、来るべき『国民投票では、9条の改憲には反対投票する』という諸個人の意志を預託し、預託者は個別のただ一つの通し番号のついたカード等を受け取ります。中央センター（仮称）はインターネット等において一つの纏まった数字として預託者の数を公表するというものです。

その際、預託者の氏名のみを公表するのか、通し番号だけを公表するか、はたまた住所までを公表するかは、議論のあるところですが、プライバシー保護、その他の条件から〇〇〇〇（△△県）といった公表が妥当なところでしょう。そういう意味において中央センターの生命は、これに対する絶対的な信頼にのみ存在します。いずれにせよ、インターネット上での「9条改憲反対」の意志と数字を共有する共同体の構築となるものです。

〔原文算用数字を一部漢数字に変更――編集註〕

このバンク構想というのは非常にユニークな発想ではあったのですが、不断の着実な事務能力を要し、残念ながら頓挫してしまった。今私はこの運動を復活できると大変いいと思っているのですが。

## ●民主党政権と沖縄闘争――鳩山内閣に対する要望書

アメリカでは二〇〇九年一月「チェンジ」を訴えたオバマ政権が誕生し、日本では同年八月三〇日の総選挙で民主党が圧勝して政権交代が行われ、鳩山内閣が成立した。沖縄普天間基地の県外移設を掲げた民主党政権の登場で沖縄の米軍基地問題が大きくクローズアップされました。

他方で民主党が掲げた「沖縄ビジョン」は沖縄県民の民意をある程度反映し、民主党およびその政権交代に大きな期待が寄せられる政治的状況がつくられたのです。「阻止の会」は改めてこうした情勢に積極的に対応していくことになりました。

「阻止の会」は二〇〇九年一一月、政権交代を実現し「県外移設」を目指した鳩山内閣に対しての要望書を内閣府を通じて提出しています。

　これは当時の民主党内閣の歴史的位置や沖縄米軍基地の現実について「阻止の会」がどのように考えていたかを比較的よく示しているので、引用しておきたい。

■要望書
内閣総理大臣　鳩山由紀夫殿

平成二一年一一月二日
9条改憲阻止の会　代表　小川　登

　本年九月一六日、鳩山連立内閣は、八月三〇日の総選挙に示された麻生内閣に対する国民的怒りを背景に、大きな期待が寄せられつつ発足しました。

　この一カ月余、さまざまな分野において大きな努力が払われつつあることにまずは敬意を表したいと思います。

　しかしながら、鳩山連立内閣の真価はむしろこれから具体的な問題を巡って試されることになりましょう。

そうした中で、最も重要な政策課題の一つは沖縄県にある在日米軍基地の問題です。ご承知のように、沖縄の県民は、終戦直後から今日まで、土地を奪われ、米軍基地を一方的に押し付けられ、まさに米軍基地の中の沖縄という構図のなかで、米兵による犯罪、騒音、航空機事故などの耐え難き生活を強いられてきました。一九七二年に沖縄施政権が返還されましたが、米軍基地はむしろ強化され、沖縄県民の苦しみは、強まりこそすれ少しも軽減されることはありませんでした。在沖縄米軍基地は、在日米軍基地の七五％を占めます。

一九九五年九月には普天間基地の米兵による少女暴行事件が発生し、米軍基地縮小・撤去の大きな運動が起きました。が、歴代の自民党内閣は、普天間基地を撤去する代わりに、名護市の辺野古（キャンプ・シュワブ沿岸部）に新たな基地を建設して米軍に提供しようとしてきました。

この新基地建設のために六〇〇〇億円という巨費が想定され、上限はこの額に留まる保証もありません。他方在日米軍側からすれば、老朽化した普天間基地を捨てて、新しい基地を辺野古に建設してもらうということに他なりません。のみならず、新基地建設計画は、二〇〇メートルにわたる完全な岸壁工事を含み、これは海兵隊を合理的に運用する軍港に容易に転用できるものです。しかもこうした問題が何一つとして明らかにならないままなのです。もはや単に普天間の移設ではなく、普天間基地における「タッチアンドゴー訓練」の問題を含めての「移設・強化」の新基地建設ということになります。更に新基地建設と密接に関連して、日本政府が二八〇〇億円を支出する米海兵隊八〇〇〇人のグアムへの移転問題もありますが、これも疑惑だらけです。

二〇〇四年には普天間基地所属の米軍ヘリが沖縄国際大学に墜落する事件も発生しました。普天間基地の辺野古への移設は、宜野湾市民の苦しみが名護市民に肩代わりされるだけです。

当然ながら辺野古の人びと、普天間基地周辺の人びとを先頭にして沖縄県民は、「普天間基地即時移設！辺野古新基地建設反対」を今日まで一三年間にわたって粘り強く訴えてきました。

本年八月三〇日の総選挙においては、この沖縄県民の苦しみと怒りが、遂に自民党など「米軍基地容認」の候補者を全員落選させるという結果をもたらしました。「沖縄ビジョン」を掲げ政権交代を唱える民主党ならば沖縄県民の苦しみを理解し、七五％もの米軍基地を抱える沖縄県民の負担の軽減を図られるのではないか、という期待が大きく膨らんだのです。

来日したアメリカのゲーツ国防長官の「普天間移設がなければ、（沖縄の）海兵隊のグアムへの移転はない。沖縄への土地返還もない」（一〇月二一日、北沢俊美防衛相との会談後の共同会見で、朝日新聞報道）といった発言は言語道断と言うしかありませんが、鳩山内閣は在日米軍基地とりわけ沖縄の米軍基地の問題で、堂々と沖縄県民の立場を主張すべきです。と同時に「平和を維持し、専制と隷従、圧迫と偏狭を地上から永遠に除去しようと努めている国際社会において、名誉ある地位を占めたいと思う」（日本国憲法前文）わが国は、軍拡ではなく軍縮、軍事基地の拡張ではなく縮小、そして戦争ではなく平和の時代へと、率先して世界に働きかけ、とりわけアメリカに働きかけるべきです。それこそ真の「同盟国としての役割」でもあります。

普天間基地の撤去は周辺住民の火急の要求でありますが、それは在沖米軍基地のほんの僅かな縮小にすぎないささやかな要求です。それが、代替としての「辺野古での新基地建設」（希少生物としてのジュゴンの生息する青い海を埋め立てて米軍基地をつくるとすれば、日本は世界の笑い者になるのは必定です）や「嘉手納基地への統合」では、到底沖縄県民を納得させることは出来ません。

万が一にも、日米安保による沖縄県民の過重極まりない負担が軽減されることなく、アメリカの要求が通ってしまうなら、この問題だけでも一三年間の訴え続けてきた沖縄県民は、さらに五年でも一〇年でも闘い続ける他にはないでしょう。

鳩山内閣は、「基地縮小」「県外移設」は譲歩に譲歩を重ねた沖縄県民のささやかな要求であることを、しっかりと胸に納め、「辺野古での新基地建設の断念」「普天間基地の県外撤去」について、最後まで諦めることなくアメリカを説得すべきです。この問題で厳しい選択が迫られていることは、重々認められるところですが、だからこそ、そして明治維新来の革命的政権交代の今だからこそ、アメリカに毅然たる態度を示し、在沖縄の米軍基地の縮小を迫り、実現すべきです。

上記につき、強く要望いたします。（以下略）

〔原文算用数字を一部漢数字に変更――編集註〕

## ●「県外移設構想」の頓挫

民主党鳩山政権は二〇〇九年九月から二〇一〇年五月まで、普天間基地の県外移設をめざして頑張ってみたわけですが、結局県外移設は全く実現できなかった。総理であった鳩山由起夫は後に「民主党は沖縄ビジョンの中で、過重な基地負担を強いられている沖縄の現実を考えた時に、県民の苦しみを軽減するために党として『最低でも県外』と決めてきた。鳩山個人の考えで勝手に発言したというより党代表として党の基本的考えを大いなる期待感を持って申し上げた。見通しがあって発言したというより、しなければならないという使命感の中で申し上げた。しっかりと詰めがあったわけではない」（二〇一一年二月一一日、琉球新報のインタビュー）と語っているが、もしかすると本当に『友愛』をもってすればアメリカの厚い壁を穿つことができると思ったのかもしれません。

同インタビューで「政権を取った後の難しさで、簡単じゃないとの思いから腰が引けた発想になった人も多かった。閣僚は今までの防衛・外務の発想があり、もともとの積み重ねの中で、国外は言うまでもなく県外も無理だという思いが政府内に蔓延していたし、今でもしている。その発想に閣僚の考えが閉じ込められ、県外の主張は私を含め数人にとどまってしまった」と言うとおり、その県外移設構想を進めるべき外務・防衛官僚自体が抵抗勢力となって、アメリカを後ろ盾にして立ちはだかるといった状態であった。ウィキリークスは「外務省の官僚は軒並み、鳩山政権の主張に同意しないように、その頭越しに米国側に働きかけていた。鳩山政権発足直後の九月一八日、齋木昭隆アジア大洋州局長は、訪日したキャンベル国務次官補に向かって、『既に対等なのに何が念頭にあるのか分からない』『民主党は官僚を抑え、米国に挑戦する大胆な外交のイメージを打ち出す必要を感じたようだ』『愚か』『やがて彼らも学ぶだろう』と民主党政権を批判した」と二〇一一年に暴露している。

鳩山総理はオバマ大統領にトラスト・ミーとは言ったが「県外移設」に関するアメリカとの直接交渉すらできないまま、同年五月二八日ついに「(普天間基地代替の施設を)キャンプ・シュワブ辺野古崎地区及びこれに隣接する水域に設置する意図を確認した」とする米軍普天間飛行場移設に関する日米共同発表を交わし、「県外移設」は幻と化したのでした。

## ●本土の沖縄闘争

「改憲阻止の会」は二〇〇八年の6・15集会で、沖縄ヘリ基地反対協の安次富さんを招いていますが、大衆的改憲阻止闘争と沖縄闘争とを仮に峻別した場合、「阻止の会」はやはり「9条改憲阻止」にシフトしていたわけで、これはこれで、シングルイシューという観点からすると一定の意味を持っていたと思う。もちろん別の所で述べることになるかと思いますが、理論的に言えば安保も改憲も沖縄も、全部結びついちゃうわけです。私流に言うとこれは前衛政党的な発想であって、大衆的団体では少なくとも日常性のなかで、そうした発想をすべきではないとタブー視していました。簡単に結びつけてはならないということです。

つまり、ひとつの大衆団体としての「改憲阻止の会」が、改めて沖縄闘争に取り組むに当たっての大義名分を必要と感じていました。ささやかなことかもしれませんが、情勢の進展の中でどう踏ん切るかというようなものです。

そこで「阻止の会」でも二〇〇七年6・15直後から議論されたことがある「プラットホーム論」が活用できると思いたったわけです。「プラットホーム論」は、「阻止の会」で大体は了承されていたと思われます。比喩的に言えば、東京駅などターミナル駅にあるプラットホームそのものです。鉄道のターミナル駅にはさまざまな方面に行くプラットホームがあります。このプラットホームはそれぞれ目的地がありますが、人びとは必要に応じてそれぞれのプラットホームに行けばよいわけです。自分の目的とする方向がなければ、それを実現する新しいプラットホームを作ればよいということになります。だから「阻止の会」で、全ての方に沖縄闘争の提唱について必ずしも十分な賛同が得られなくても「新たなプラットホーム」をつくる枠組みがあるのだから、そうすれば良いという、かなり形式的な了解方法です。どうでもよい単なる形式と思われる方々も大勢いると思いますが、しかし私なりに重要な了解事項でした。「阻止の会」の他の方々はどうだったのかよく分かりませんが、ともかく私にはそういうものが必要でした。

さて沖縄闘争そのものですが、先ほど指摘した政治状況、特に民主党政権が成立し、政治課題として普天間基地の「県外移設」が問題となってくるなかで、いかにして本土の沖縄闘争を進めるのかは容易ではなかったわけです。かつては「安保粉砕・沖縄解放・アジア革命勝利」といった政治路線で闘ったことはあるけれど、すでにそういう時代ではありません。

旧来の「全国政治闘争」という発想は、いわばブント的発想であり、また制約には違いないが、次々と引き起こされてくるさまざまな政治的課題をはっきりさせて、具体的な集会やデモを組織するというのは、これはこれでよいのですが、自分たちが闘っておればそれでよいということを超えていかねばならない。

一貫してわが国の安全保障政策の一方的な犠牲を強いられてきた沖縄の人びとからすれば、国政レベルで政権交代が行われ、普天間基地の県外移設を掲げた政権に期待を寄せるのは当然と言えば当然なことでした。もちろん過大な期待を抱くこともできず、沖縄では戦後の長い闘いの経験を通じて、「日本政府を相手にせず」といった独立志向も大きく登場してくる一方、沖縄県民的なレベルで日米安保＝日米同盟に対抗して、普天間基地撤去を目指していくオール沖縄といった一種の民族的戦線がつくられてくる。このオール沖縄という構想は翁長知事の実現によって姿を現してくるのですが、そういった予感のようなものはすでにあったと思います。

「阻止の会」が考えたことは「本土での」沖縄闘争ということで、沖縄での沖縄県民自身の闘いとの落差といったものを強く意識していました。ひと言で言えば、本土での闘いは、他人事のようなことになっちゃってるということです。沖縄県民の痛みといったものを直接感じられないというのは、四七分の一の沖縄県という狭い範囲に、在日米軍基地の七五％が存在するという、まさにそういう現実による違いでもあるけれども、本土を中心とする日本という国の保全のために、沖縄をアメリカに差し出したという歴史的民族的裏切りの根っ子がそのまま継続していることに気が付かないか忘れ去っていることにあります。

「阻止の会」ではこういう問題を含めて沖縄で闘っている人びとやあるいは沖縄・一坪反戦地主会関東ブロックの活動家などの話をよく聞くといったこと、改めて沖縄の歴史を学習するといったことが欠かせませんでした。

## ●「普天間基地即時撤去、県内移設反対東京集会」　沖縄では観光バスがなくなる!?

「阻止の会」は二〇〇九年六月一四日「憲法第9条改定を許さない6・14全国集会」（社会文化会館）を開催しています。以降は「6・15」に拘った形での改憲阻止闘争は行なわず、先の「辺野古での米軍基地建設の断念と普天間基地の撤去についての要望書」提出等を行なって、次第に沖縄闘争にシフトしていくわけです。

二〇一〇年「4・28普天間基地即時撤去、県内移設反対東京集会」（実行委員会主催、9条改憲阻止の会協賛）の呼びかけのチラシでは次のよう述べています。

■呼びかけチラシ

四月二五日、沖縄では観光バスがなくなる。全てのバスなどが、沖縄県民の怒りを載せて、読谷村運動広場に集まるからだ。

鳩山内閣は、米軍普天間基地の閉鎖・返還を巡って、『徳之島への移設→キャンプ・シュワブに新基地建設→勝連沖新基地建設』などの、『考え方』か『腹案』かを振りまきながら、沖縄県民の怒りや民意から次第に遠ざかりながら、その『五月決着』に流されていくかのようである。鳩山総理は、「全国の皆さんに同調してもらいながら沖縄の過重負担を減らさないといけない（一五日）』と述べながら、『(同時に自治体側が）すべて賛成となるのは難しい(同)』等と言い始めている。かたやアメリカは、依然として現行案に固執しながら、『沖合五〇mに修正すれば日本側で受け入れ可能にならないか（九日、ルース駐日大使)』等と提案しているとされる。

名護市長選直後なされた平野官房長官の『斟酌しない』発言以来、沖縄県民の、日本政府への怒りは一気に沸点に達しつつある。このままでいけば、沖縄県民は、日本政府を当てにせず、アメリカと直談判に入るしかなくなる。なぜなら、県民の怒りや民意を代表しない政府を自らの政府とは認められないからである。本当に沖縄では怒りが渦巻いている。

しかし、ヤマトの闘いはどうなのか。

今こそ、首都圏で鳩山内閣を十重二十重に取り囲んで、沖縄県民の立場に立つこと、アメリカに対して、少なくとも普天間基地の県外移設を断固として要求させることである。沖縄からは遠いが、鳩山内閣は、ヤマトの真ん中に存在する。このヤマトの闘いこそが、問われている。

ヤマトの闘いは、さまざまな歴史的・党派的条件のもとで大きな制約のもとにある。沖縄と連帯して闘うというその言葉を現実のものにするためにこそ、我々は最大限の努力をすべきである。先ずはわれわれ自身が心を通わせ、協力と禅譲の精神で連帯を一つづつ作っていくことが大事である。

四月二五日の『4・25沖縄県民とともに声をあげよう!東京集会』(一五時〜、社会文化会館、呼びかけ:沖縄・一坪反戦地主会関東ブロック)から、二六日には、沖縄から4・15『一〇万人集会』を背景とした、超党派の要請団のもとで『沖縄県民大会政府要請団と連帯する東京集会』も開催され、さらには一九日からは、沖縄・一坪反戦地主会関東ブロックの下地厚さん(石垣島出身)が、衆議院第二議員会館前で七二時間のハンガーストライキに入る。

四月二八日(この日は、旧日米安全保障条約が発効し、日本政府が一方的に沖縄を切り離し、アメリカの植民地として売り渡した記念日である。復帰前は、毎年闘われた『沖縄デー』である)には、『普天間基地即時撤去、県内移設反対東京集会』(主催:実行委員会)が行われる。鳩山内閣の五月決着という流れのなかで、連休前の最後の闘いとして呼びかけられるものである。多くの方々の参加が期待される。（以下略）

〔原文算用数字は一部漢数字に変更――編集註〕

「三・一一」という未曽有の事態の衝撃を受けて「脱原発」運動へ進む前の活動は以上です。この五年あまりの歩みは私にとって、いろいろな意味でその後の活動の準備と訓練であったと顧みて思います。

# 第二部　渕上太郎という男

聞き書き：桝本純

# 第一章　テント、建つ

## ●「三・一一」の衝撃

今でこそ渕上さんは「脱原発」の象徴的存在だが、前から原子力関係の本をいくつか読んだり、誘われて関係の集会に顔を出したりはしても、「特に熱心だったわけでもない」という。

その彼にとって「三・一一」は、きわめて衝撃的な事件だった。

――これは大変なことが起こった、とにかく行動だと本腰を入れることになった。

「行動」は現地行きから始まった。

――それまで「9条改憲阻止」でやってきた仲間が、福島に何かできないか、支援に行こうという提案があった。「東日本大震災緊急支援市民会議」というかたちで最初三月二一日に福島に行き、その後も救援物資を積んで、主に南相馬市の各地に届けた。中心は水、野菜、長靴・毛布・タオルなど生活物資であった。水は全員の直感に基づくし、野菜などもある程度同様である。

水は絶対必要だということであったが、その手配がユニークだった。

――水は不可欠と思ったのだが、実際には、東京の水道水を汲んで行くつもりだった。けれども東京の水もアブナいらしい。箱根・仙石原の宮城野というところに名水があるとわかり、そこへ汲みに行くことを江田さんが決断した。「そんなメンドウなこと」という気分もあったが、確かに「危ない水」をわざわざ届けるというのもおかしなことになるとも思った。こういう行動では江田さんがものすごい行動力を発揮する。

具体的な運搬手段を手配したのは渕上さんだ。

――あれこれ探して、積水化学の「ロンテナー」というポリ容器を見つけた。これは、汲んだ水を入れて段ボール箱に入れる方式のもので、蛇口も付いていて実に使いやすい。これを買い込んで運んだ。

こうした実務能力は、半年後のテント設営に、そして以後の「脱原発テントひろば」の運営において、大いにモノを言うことになる。

――その後、郡山での集会等にはバスを仕立てて参加した。東京に参加要請のチラシがどこかで配られて、その連絡先が教組の活動家・佐々木さん。佐々木さんとは互いに全く知らない者同士だったが、参加すると決断したのが遅く、宿泊の手配もかなり厚かましく、「銀河のほとり（須賀川市）」などを紹介していただいた。そこで四〇人ほどが一泊するなど、施設の主催者である有馬さんという方にも大変お世話になった。

福島行きの行動は、被災者のいる場にとどまらず、人影の消えた事故現場近くにも立ち入った。

――四月、「原発行動隊（※）」を呼び掛けていた山田恭暉さんと写真家の三留理男さんと情況出版の横山さんの四人で、四、五日の予定で現地へ車で行った。山田さんは東大工学部出身のプラント関連の専門技術者だし、横山さんも放射線量にかなり気を遣っていたけど、私と写真家はそんなに気にせず大胆に行動していた。行ってみると大きな家は傾き、小さな家は津波に流されたのかな。住んでた人は避難して誰もいない。置いていかれた猫とか動物だけが残っていた。出かける前の夜、家に泊めてくれて長靴まで用意してくれた山田さんも、残念ながら少し前に亡くなりました。でもその組織は健在です。

（※）「公益社団法人　福島原発行動隊」　ホームページ：http://svcf.jp/

東京に戻った彼らを待ち受けていたのは、若者たちを中心にした高円寺の独自デモ。「反原発／脱原発」の行動が全国で渦を巻きはじめ、乱流・逆流を孕む巨大なうねりとなりだしていた。

## ●テント、建つ！

「脱原発テント」が東京・霞ヶ関の官庁街の中心にある交差点に姿を現したのは、福島原発事故から半年後の九月一一日。経済産業省を包囲した大規模な抗議行動が終わった後、あらかじめ用意してきた渕上さんたちが一気に建てた。

〃一気に〃といっても、実行グループで実際にテントを建てた経験があったのは渕上さんだけだったという。

――あれ、スチールの枠組みと屋根の帆布までを張っておいて「イチニのサン！」で建ち上げるんだけど、その手順を心得ていたのは団地の自治会、町内会でやってきた俺だけ。一人で声をからしてたんだけど、周りで見ていたデモ流れの人の中から手を貸してくれる人も出てきて、テントそのものは割と短時間で建てられた。あとは机や椅子なんか運び込んでしまえばやることもないんで、ビールを買い込んできて呑みながら、いろんな人と話しているうちに朝まですごした。

この「テント」という発想はどこから生まれたのだろうか？

――原発事故は、その収束だけでも大変だし、その後の見通しなんかつきもしない。持続できる行動形態は何かという議論の中から出てきたものです。何か闘ったりする方法には座り込みというのもあるし実際やってもきたんだけど、あれって面倒なんだよね――毎日器材を運んでは撤収するわけで。他でも例はあるし、若者のグループがハンストをやる計画だとも聞いて、オジサンたちもガンバルぞっていう気分もありましたね。

「持続する運動」という発想はそれとして、テント自体はどのくらい「もつ」と考えて始めたのだろうか。

――「持続する運動」という発想は江田さんから出てきたと思う。どうせ長くはもたないという観方も少なくなかったし、建てたはいいけど終わらせ方が大変だという意見もあった。俺はいつまでなんてあまり考えなかった。何と言おうと国有地の「不法占拠」なんだから、いつかは排除される、それはわかっている。当初は「持続する」ということの意義について必ずしも共有されていたわけではないと思う。江田さんにはしかしそういう直感が働いていたと思う。

いつ、どのように撤去されてしまうか皆目見当も付かなかったが、結果として、テントは持続した。

――世論は圧倒的に「反原発／脱原発」だし、事故現場は収拾がつかず、民主党政権は大混乱、その足元を見て官僚は動かない。ちっぽけなテントの撤去どころじゃないことは、すぐわかった。そこで、一週間契約で借りたテントを買い取ることにしたんです。だけど正直、あんなに続くとは、当時誰も思わなかったね。

その後のテントが「脱原発」の交流拠点として「ひろば」に社会化した過程は、別書『いのちの叫びを聴け！』がリアルタイムで記録しているからそちらに譲るとして、立ち上がりの頃の話を確認しておこう。

### ●若者たちとオジさんたち

かつて「権力中枢・霞ヶ関占拠！」というスローガンがあった。それを超ミニサイズで実現したようなテントは、時勢を追い風に運動交流拠点となり〝ひろば〟へと成長・発展するが、その建ち上げの時点に若者たちとの接触があった。

中国電力の計画する上関原発建設に反対してきたグル―プだった。「彼らに負けてはいられないという思いや、彼らを支援しようという意識がなかったら、あるいはテントという発想にならなかったかもしれない」というから、この接触の意味は大きい。

――千葉から来たと言ってたけど、二十歳前後のほんとに若いグループで、敷地内で抗議のハンストをやらせろと経産省の正門に迫っていた。こっちは角地で距離も五〇ｍくらい離れているし行動もちがう。彼らは自分たちは自分たちという意気込みで、オジさんたちの助力を求めるわけじゃない。それでも「ハンスト」というから健康状態など気になって時どき見に行ったりはしたけど、運動面で一緒にやる間柄じゃなかった。お互い挨拶を交す程度。

経産省としては、突然出現したテントと、ハンストをやらせろと要求する若者たちと、二つを同時に相手にすることになった。運動としては〝別個に進み一緒に撃つ〟ほどにも至らぬ、淡く短い交流だった。だが、この交流を契機に、テントは経産省当局との接点を獲得する。

――若者たちの基本主張は、路上ではなく敷地内にテントを張らせろということで、省側に申し入れた。その揉め事に丸の内署が入ってきたんだね。省側では、僕らと若者たちと、二つ別の「テント」に直面して、あっちの爺さんたちも呼んでこいとなったらしく、丸の内署のお巡りが呼びに来た。

行ってみると、交渉は経産省の会議室じゃなく、地下の警備員の詰所。若者たちに対して向こうは「ダメ」の一点張りで理由がはっきりしない。せめて十日間だけでもというのに、「庁舎管理規則」を持ち出して、ここに書いてあるからと言う。じゃ、その規則のコピーをくれというのに、出せないという。
出せ、出せないというやり取りに、立ち会っていた丸の内署の警官も呆れかえって、警備課長が敷地内じゃなく道路でやれば黙認するとささやき出した。私はこれで落ち着くかと思って、形はともかくやることが大事だからと若者たちに言ったんだが、向こうとの話は結局物別れ。

それで次にテントの番になった。

――向こうの言い分は単純で、とにかくテントをたたんで出ていってくれと言う。そう言われたって、建てて何時間も経っていないのにハイそうですかとはいかないと言い返した。それもそうだとなって、私は自分は交渉役だから、そちらの言い分は皆に伝えると言ったら、では明日朝九時に向こうが来るという。それで、ひと晩呑みながら対応を考えることにしてテントに帰った。
実際はその夜はいろんな人が来て、あれこれ話も面白く飲み明かしたので、翌朝は酔っぱらってたが、最初の交渉は地下の警備員室、二回目が翌朝テント前、相手は経産省の警備課です。

## ●「使用申請」と「不許可」通知、「審査請求」

そのやりとりに渕上さんの姿勢がよく表れている。

――交渉というのは相手との合意があって成り立つわけで、そこで「お前じゃわからん、もっと上の人間を出せ」とは決して言わないことにした。相手にもプライドってものがあるし、それを軽んじたら成り立たないからね。いや自分では判断つかないと相手が言い出したら、じゃ、判断できる人をと言えばいいんだ。これは警察相手でも同じです。

原発やめればテントは撤去するなんて大上段な言い方も、その時点ではしてない。そういう議論に適切な場とは言えないから。その種の議論はもっと後で、年を越した翌年一月頃になってたと思う。

経産省の退去要請に対して、「そちらの言い分は、皆に伝えます」「ひと晩考えさせてください」「やはり出て行かないことになりました」といったやり取りというか言い抜けを二回やったけど、同じことを三回も繰り返すのは芸がないと思って、この場所を正式にお借りしたいという「お願い」を出すことを思いついたの。そうしたら先方がそれに乗ってきたので、それじゃといって「要望書」を文書で出すことになりました。

といっても書式なんかよくわからないから、弁護士事務所でパソコン借りて私が作ったんだけど、そう簡単に許可が出るとも思えないから、許可が無理なら時期を区切って居させてほしい〝黙認〟

と、五〇日とか六〇日とかいう書面で、一一月一一日を期限とした要望にして持っていった。
そしたらこれじゃダメだと言われて、出し直すことになった。ダメといっても突っ返されたわけではないんだ。実際、最初の「要望書」は、後で裁判の証拠資料に出されている。そこにテント設置の本音が書いてあるからだろう。
で、言われたとおり図面なんかも添えて、書式を整えた正式な「使用許可申請書」を、正清太一さんと相談し、彼の名前で出しました。これに対して九月末に、今度は警備課ではなく、システム厚生課から文書で「不許可」を正清さん宛てに通知してきた。

ここでテントは、経産省のいわば本体とテント設置について論争に入る。「交渉」である（※）。

（※）このテントと経産省との初期のやり取りについては、小林哲夫『シニア左翼』（朝日新書）にユーモラスな描写がある。

――当時は相手の資料をきちんと読んで必要な反論をするという実務体制がまるでなくて、そんなのほっとけみたいな空気が大勢。しようがないから、いちいちの交渉や法制的な対処なんか、ほとんど私一人でやらざるをえなかったというのがテントの実情だった。

## ●右翼・民族派・保守系

経産省当局は事実上黙認、警察は不介入という状態でテントを攻撃してきたのは右翼だった。街宣車を歩道に乗り上げ、並べていたパイプ椅子をなぎ倒す、不法占拠に対する抗議と称してテントに入ってきて携帯電話が無くなったと騒いで警察を呼ぶ。物理的抵抗を誘発しようという挑発行為である。

このときの渕上さんの対応が見事だった。

かつては〝ゲバ引きゲバ引きゲバぐれた〟猛者連、歳は取ってもいざとなれば腕をさする常駐メンバーに「手を出すな」と厳しく指示し、ゴロツキふうの相手に椅子にかけたまま一つひとつ事実を確認しては口頭で押し返す。険悪な空気に呼ばれた警官は仲裁者となって、闖入者を引き取らせる。テント側はこれらのシーンをビデオに撮り、動画サイトＹｏｕＴｕｂｅにアップロードしてネット上で広報した。

この映像の反響は小さくなかった。一部過激派のハネ上がりという印象を塗り替え、テントの社会的な存在を確かにした。

ひとつは、反原発右翼からの共感として現れる。事故現場周辺の地域が人の住めない場所となったことを憤る民族派のグループだった。その頃「右翼」の中でも原発に反対する動きは、桜井よし子などにはっきりあった。その中の突出した部分が「テント」という突出形態に反応したのだろう。

——「皇土を穢した」という言い方には困ったけど、本気で怒っているのは確かだった。だとすれば、こちらは正直に「テントは不法占拠にちがいない、だが今は非常時である。やむをえない」という立場を強調して、脱原発では「一致できるはずだ」と。

もちろん憲法問題では対立するわけで「改憲阻止」の旗を下ろせば参加するという。「いいよ」と言って、それまで立てていた「９条改憲阻止の会」の旗はしまうことにした。これは非常に大きな決断だった。

その後、民族派の一水会系グループからテントに参加したいという要請があったが、彼らの参加は実現しなかった。

――「日の丸を持ってっていいか」と訊かれて、これは皆と相談しないとということで、テントの会議に諮ったんだが、今なら少しちがった結論が出たかもしれないが、「いくらなんでもそれは」という声が大勢。結局「うちは左翼が多いんで遠慮してくれ」と返事せざるをえなかった。

こうした「右翼アレルギー」は、テントだけのものではなかった。この前に新宿駅東口で開かれた街頭集会でも、参加した一水会系の発言要求にマイクを渡さないという風景があった。

「そういう力もわれわれは失ったことになる」と、渕上さんは残念そうに述懐する。このとき彼は、「脱原発」は〝国民的〟課題、そこに右も左もないと考えていたのだろう。

左翼出の彼がこうした考えを抱くには、二つの契機があったようである。ひとつは、「これまでの反原発運動は『三・一一』で敗北した」という、関西の古手活動家・榎原均さんの発言だった。要は状況が運動を乗り越えたという趣旨だろう。この刺激的な表現に渕上さんは揺さぶられた。一握りの左翼・進歩主義の運動に替わる大河の時代なのだと。

もうひとつの契機は、福島の被災者との接触だった。事故後ただちに町ぐるみの避難を実施した双葉町の井戸川町長に会った時のことを、渕上さんはこう語る。

――二〇一一年四月、東電が被災者に毎月十万円を払うことを決めた。この対応について訊ねたとき井戸川さんは、じ〜っと黙って考え込んでいたが、二分ほど経ってようやく「誠にありがたいことです」と重い口調で答えた。

自分も被爆したとズボンをまくってすね毛の無くなった脚を見せてくれた。人の胸の内はわからないけど、この人は町長として、本当に住民の安全や生命という問題に、今全力を尽くしているんだなと思った。

遠く埼玉の加須市騎西町への「全町避難」にも賛否両論があり、帰還困難地域の指定が縮小されつつあるなか、被災者の状況はいっそうむずかしくなっている。だが、この自民党町長に明治の民権運動家の姿を重ねた渕上さんの感覚は、「原子力の平和利用」という看板が色を失い、支配の側でも「もはやこれまでどおりには統治できない」状況を捉えていた。

事実、中部電力浜岡原発について、浜松に拠点を置くスズキの鈴木会長が公然と疑問を呈したし、前々回（二〇一四年）の東京都知事選には細川元首相が「脱原発」を掲げて九五万票を集めたし、二〇一六年には彼らと通じる小池百合子が圧勝し、前回の衆議院選では〝改革保守〟の「希望の党」が国政選挙に「脱原発」の旗を掲げた。結果はともかく国政選挙で保守の「脱原発」が表明されたことは、問題のありかを示すものだった。

## ●国民的運動と左翼

渕上さんは力説する。「原発問題は左翼の固有の運動ではない、生活問題なのだ」と。その彼からすれば「左翼」の評価は低い。

――水俣病にせよ三里塚にせよ、左翼が運動を創ったことはない。自然発生的に始まった運動に乗っかって自分のイデオロギーを語り、無知蒙昧なる大衆に説教を垂れる、そういう観念的な話ではダメだと思ってきた。

テントに即して言えば、集まってきた人たちがやりたいことをやれるようにする、あとは成り行きに任せるというやりかたでやってきた。そこには、ある程度の既存の社会的規範が必要であるが、それ以上に左翼的理念を強調しても無意味で、有害なだけである。

そこに福島の女性たちが来てくれて「第二テント」ができたし、後では美術家たちの手で「美術館」に整備された。また再稼働に抵抗して各地にテントその他の動きも広がった。そうやって盛り上がったり盛り下がったりするのが運動なんじゃないか。

左翼の観念論に対する渕上さんの批判は、自己批判も含めて深刻だ。

――水蒸気爆発と水素爆発の区別もつかないのが多いのには呆れたが、停止状態になったとき、原子炉の冷却等のために、発電は停まっても「電気を食うんだ」ということに気づいた。「もんじゅ」なんか一度も「発電」しないで膨大な電気を日々消費しているわけね。「すべての原発即時廃炉」もスローガンとしてはそのとおりなんだけど、それだけでは、現実に直面する問題には答えにならない。

深刻な問題に増え続ける汚染水がある。左翼や市民派は「断固ゼロ、一切まかりならん」と簡単に言ってしまうが、現地では「ゼロですか、〇・一ですか」という問題が立てられる。そういう科学技術的なレベルで語らなければ、現地の人たちとも話は通じないし、具体策を実施すべき東電や経産省との対抗軸も創れない。結果、仲間内の自己満足の運動に追い込まれる。

現地の状況に対する彼の危機感は、話を聴き始めたときから深刻だった。

彼は各地で実情に触れる。

――郡山で聞いた話だが、「原発」「放射能」といった言葉がタブーになっている。復興・帰還に向かって行政から地域有力者まで前向きに動いているなかであえて口にすれば〝後ろ向き〟だと村八分にされかねない。相当な根性がないと集会にも出られないのが実情だ。このへんの空気は東京にいてはわからない。

――二〇一一年の夏に玄海原発に行ったが、とりあえず生きていくにはゼニが要る、だから原発は必要なんだと言う。ひどくセコい話だけど、このセコさの背景は非常に深刻なもので、イデオロギーでなんとかなる性質のものではない。

九電・玄海原発はプルサーマルを最初に始めたところだ。立地隣の唐津では地場の農業振興として、水の乏しい高台の土地でお茶の栽培を始めたが、その給水システムも原発交付金に依存している。

今日・明日を生きる切実さと、プルトニウム２３９の半減期二万四〇〇〇年、この気の遠くなるような落差のなかに原発はある。

そこに身を置いて渕上さんは悩み自問する――原発に反対する究極の根拠は何か、と。

こうした資質は、青年時代の活動経験に育まれたものだけでなく、彼の生まれ育ちからも来ているのではないか。

インタビューの途中からビールになって、こんな言葉も飛び出した。

——俺はけっこう趣味的なところもあって「酒はこう呑むべし」なんて考えたりもする。左翼的な議論に耐えられなくなって、一時テントから退こうかと考えたこともある。もっと生き生きと運動したい。左翼と称して頑張っている人は、なぜ左翼をやめないのかと思う。

聞き取りはあちこち飛びながら、渕上太郎という男を〝剥く〟ものになった。

# 第二章　満洲に生まれて

## ●戦時下の大連・敗戦

旧満洲からの引揚者には、悲惨な経験が語られることが多いが、渕上さん一家の場合はかなりちがう。暮らしたのが奥地ではなく港町大連で、帝政ロシアが造った街には欧風の石畳の道が伸び、郊外にはコーリャン畑が広がる。そこに渕上一家は女中さんのいる大きな家に住んでいた。

この家のことを幼い渕上さんは憶えている。

――二階建てか三階建てのレンガ造りで畳はなくリノリウム張り。玄関が大きくて階段がまたド広い。その踊り場でよく遊んだ。二階のベランダから、下富士小学校（という名称だったと思う）へ通いだした姉を見送って手を振っていた。

大きな玄関と広い階段にベランダ付きといえば、市内でも有数の邸宅だったろう。実はこの家、かつては清朝の皇族粛親王が住居とし、あるいは別荘としていた建物だった。

そんな由緒ある邸宅を買い取ったのは、父親が「金を持っていた」だけでなく、その粛親王の血筋を引く娘を日本に連れて来たという特殊な事情も働いていたことだろう。この娘が、後に関東軍と結んで「満洲建国」に暗躍したとされる川島芳子だった（※）。

（※）日本の傀儡国家「満洲国」ができる前、旧清朝の崩壊と中国革命に介入して「満蒙独立」を画策する民間右翼の運動があった。その巨魁・川島浪速は、第一〇代粛親王善耆と結んで顧問となり、その第十四王女・愛新覺羅顯玗（一九〇七年生。漢名・金璧輝）を八歳で養女にした。「芳子」と名付けたこの少女に川島は、日本で教育を受けさせようとした。その意を受けて内地へ連れてきたのが若い頃の父・義雄氏だった。すでに〝大陸浪人〟として重要な役割を担っていたわけである。少女時代の芳子を肩車した写真を、渕上さんは戦後もかなり経って見せられている。

この家で渕上さんは、父・義雄（一八九三〔明治二六〕年生）、母・順（一九一一〔明治四四〕年生）、姉（一九四〇〔昭和一五〕年生）、妹（一九四五〔昭和二〇〕年生）とともに、一九四七年二月まで暮らした。まずは幸せな家族生活だった。

一家はここで一九四五年八月一五日の敗戦を迎える。

本人は「〝終戦〟の日のことは憶えていない」と言う。当然だろう。前の日に満三歳になったばかりのチビである。記憶はこのあたりから始まるのだから。

後日の情報も手掛かりに記憶を手繰ってもらうと、やや遅めの帰国事情を含めて、当時の大連の風景が浮かんでくる。

——八月より前にお袋は、家に出入りしていた児玉誉士夫から「日本は敗けますよ」と聴いていた。敗戦となっても大連の生活は、以前とすぐには変わらなかった。一目散に日本へ逃げ帰るというパニックはなかった（ちなみに姉の就学も妹の誕生も敗戦後のことだ）。それでも一度アメリカ軍の猛爆を受け、崩れたビルの瓦礫に下半身を埋められたまま、救けられずに亡くなった女性もいたことを聞いている。

敗戦は着実に大連市の風景を変えた。ひとつはソ連軍の占領地として、もうひとつは奥地から逃げてきた日本人の流入地として。占領は行政機関や軍施設だけでなく、日本人の家屋の接収と居住者の追い立てとして進んだ。渕上一家の暮らしも太郎君の環境も変わる。

——わが家は大きいから、家を追われた日本人家族の避難所になって、多いときは四、五世帯くらいが共同生活。ソ連軍は、やたら大きい家だと思ってか後回しにしたのかもしれないが、結局うちも接収された。

それでは追い出されたかというと、そうではなかったというから面白い。

——やって来たのが日本語通訳の情報将校で紳士的なロシア人。家全部じゃなく、ひと部屋貸してほしいと言う。「朝日の間」と呼んでいた南向きの大きな部屋に彼が入った。そこは子供部屋だったから、俺たちは追い出されて狭いところに押し込められるはめになった。

家では〝パポーフさん〟と呼んでいたそのロシア人将校の名を、渕上さんは「サベリ・マクシモノビッチ・パポーフ」と、なぜか正確に記憶している。そのロシア人が初めてやって来たときの母親の対応がまた面白い。

——母は家に上がるのに土足はダメ、靴を脱げと言った。そしたら三枚重ねて履いていた靴下がボロで穴あき。母はそれも脱がせ、洗濯し繕ってやった。

占領軍将校の接収というより、独身男の下宿人と下宿屋の女将さんである。お付きの副官は常駐せず〝パポーフさん〟は独りでワインを呑んでいる。まだ学校へ上がっていない太郎君は、狭い部屋を抜け出して彼の部屋へ遊びに行き、酒の味を覚えた。彼の酔っ払い人生は数えの四歳で始まる。

このとき家にいた女中の「チエコさん」がこのロシア人将校と仲良くなり、結婚して現地に残った。好い人だったのだろう。その後の消息は知る由もないが、今でも渕上さんは「チエコさん」と聞くと名前で惹かれるところがあるとか。

敗戦後の満洲にいた日本人とソ連軍との接触で、大連にいた渕上一家はごく少数の幸福な出会いだった。多くの入植者たちは、命からがら大連港へたどり着き、引揚船の順番を待つことになる。短い秋が過ぎ、季節は足早に冬へ向かっていた。

### ●引揚げ・舞鶴上陸・東京世田谷へ

敗戦で「五族協和・大亜細亜」の夢破れた父・義雄氏は、内地との往き来も断たれ、しばらく無聊をかこった後、膨れ上がる避難民の引揚げ支援の仕事に加わったという。

――とにかく戦争に負けてしまったのだから活躍の場もない、日本に帰るほかないというわけで、当時組織された「帰還者会議」に入ったらしい。これは（在満）日本共産党員などが中心に創ったもので、親父も満鉄調査部にいた共産主義者・石堂清倫などと一緒に仕事していたかもしれない。

〝大陸浪人〟とコミュニストとの時ならぬ協同作業である。

――占領したソ連軍の指示もあったかもしれないが、「日本は敗けたのだから、一切の財産は持ち出してはならない、中国に置いていけ」というのが「帰還者会議」の方針で、親父は率先してそれを決め、帰還運動の先頭に立った。

渕上さんが「諦めが早くケレン味はなかったように思う」と言う父・義雄氏は、情報ブローカー的に立ち回った人たちとちがい、行動的な人だったようだ。

――奥地から南へ逃れてきた人たちには、朝鮮へ向かう人、さらに南へ行こうとする人など、いろいろいたと思う。細かいことは憶えていないが、ひどく寒い季節で、船を待っている間に死ぬ人も出る。奥地から来た人たちを優先しなければならない。帰ることは決まっても、なかなか船の空きがでない。結局うちが引揚げるのは一九四七（昭和二二）年二月、敗戦後に生まれた妹は、数えで三つになっていた。

一家で大連を発って舞鶴に渡る旅の記憶は、かなり鮮明である。

――朝の九時頃かな、その日の船に乗る家にトラックが回って来て、荷台に立ちんぼ。パポーフさんと奥さんになったチエコさんが腕を組んで、敬礼で送ってくれた。埠頭に着いてから乗船まで、混みあうなかで大分待たされた。

帰還船は貨物船、船倉を簡単な材木で何重にも仕切ってあった。乗るだけでも大変で、仕切りのところにゴミが落ちた落ちないでかなり揉めた。雑な造りだから上でバタバタすると下に物や塵が落ちるんだ。俺たちは上から二段目か三段目だったけど、船底に入った人たちは大変だったろう。

船内では食事なし。半日くらいで舞鶴に着いてしまった。乗る時は大混乱だったが、降りるときは落ち着いていた。迎えはなかった。親父が内地の身内に報せていなかったのだろうし、報せることも不可能だったろう。

俄か仕立ての引揚船のこと、たとえ電報を打てたとしても、正確な到着日時など報せられたかどうか。舞鶴にはシベリア抑留からの帰還船も入港するし、内地もまた敗戦後の混乱にあった。各地を襲った空襲で寸断された鉄道網は、何とか機能を回復したところだった。日本の地を踏んだ渕上一家は、それに乗って東京へ向かった。

——東京までは延々と汽車に乗って行ったのだが、妹がお袋におんぶされていたことくらいしか憶えていない。汽車の中の情景については記憶がない。

まだ学校に上がる前の太郎君、疲れ切って半ば寝ていたのではないだろうか。

ともかく一家は、世田谷で父の身内たちと同居を始めた。

——お袋は函館の遺愛女学校というミッション・スクールを卒業して、藤森トシコというそこでの恩師の下でキリスト教系の社会奉仕運動をやっていた。その藤森先生に惚れていたKという右翼が、渕上義雄の結婚相手の紹介を頼んだ。「満洲に偉い大人がいる。そこにかわいそうな娘がいる。その子の面倒をみることも含めて嫁にきてほしい」という話。そこで藤森先生が白羽の矢を立てたのがお袋だった。

# 第三章　困窮の戦後を生きて六〇年安保へ

## ●転校相次ぐ小学生時代

一九四九（昭和二四）年四月、太郎君は世田谷区立若林小学校に入る。まだ看板が「国民学校」のままだったのは、当時そう珍しい風景でもなかった。「そこに朝日晶子先生という素晴らしい先生がいた」。初めて入った学校の担任教師というのは、初めての給料と同じく、記憶に残るものだ。だが、その学校生活も長くは続かなかった。ある日突然、住むところがなくなったからだ。世田谷の家はもう人手に渡っているから立ち退くほかない。やむなく代田の駅前の安旅館に移り、ここに十日くらいはいたかもしれない。いつまでも続くことではなく、茨城の神立（戦後開拓の村）に引越した。

旅館暮らしを抜け出した引越しは、母の女学校時代の恩師・藤森先生の伝てによるものではなかったかと渕上さんは推測するが、必ずしも確かな記憶ではないらしい。

――世田谷ではお袋が日雇いに出て日銭だけはなんとか稼いでいたと思う。一日二四〇円のいわゆるニコヨンで、その後ニコロクとかニコハチとか言われていた。その後は味噌の行商をやっていたのを憶えている。学校に行った記憶がないから、茨城にいた時期は非常に短かったのだろう。

幼い記憶に残るのは、風景と食い物だ。「あたり一面芋畑で、白米はまるでなかったが美味しい芋をたらふく食った。芋畑を『火星旅行』などと称して走り回っていた記憶がある」。後に中学生時代、小遣銭稼ぎにニワトリを飼うことを思いついたのも、ここで見た風景にさかのぼるからかもしれない。

もちろん定住の地ではない。多少英語のできた母親は東京のワシントンハイツにある米人の家にメイドの仕事を見つけ、子供たちを一時北海道の兄に預けて自分は住み込みで働きながら住まいを捜した。家族の分散と相次ぐ転校の始まりである。最後の学校には二年半ほど在籍したが、四年生の秋まで約三年半の間に六回も転校を繰り返したことになる。まったく流転の小学校生活だった。

その目まぐるしい変遷を、渕上さんの話から総覧しよう。

一九五〇年春、函館の母の兄の家に姉妹と共に預けられ、函館市に隣接する七飯〔ななえ〕村の七飯小学校に転校。

同年秋、北海道から呼び戻されて移り住んだ調布市上石原の二葉保育園で石原小学校に転校、一九五一年二月、母子寮の火事で、新宿区旭町の同園旭町分園の母子寮に移転、新宿区立四谷第五小学校、次いで同年、四谷信濃町近く（新宿区南元町）の母子寮へ移転し四谷第六小学校に転校。同年暮、再び函館に。翌年三月、いったん信濃町に戻る。

一九五二年春、子供だけ神奈川県小田原市国府津の藤森先生宅に居候、国府津小学校に通う。

一九五二年秋、練馬区石神井に造った家へ移転、杉並区立桃井第四小学校に転校。一九五五年三月、桃井第四小学校卒業。


ここで「母子寮」が目を引く。

最初に入ったのは東京・調布市の二葉保育園調布分園の母子寮。「つまり二葉保育園というのが正式な呼び名で『母子寮』というのは通称だったのではないか」という推測を提供データが裏付けている。


（参考）【二葉保育園の経過】（抜粋）

昭和一〇（一九三五）年　財団法人になり、理事長に徳永恕就任。深川海辺町母子寮を設置（六五世帯）。

昭和二〇（一九四五）年　東京大空襲で深川母の家を焼失し二一人死亡。本園も被災し、旭町分園のみ残る。

昭和二一（一九四六）年　旭町分園中心に事業を再開し、乳児部も開始（二葉乳児院の前身）。

昭和二二（一九四七）年　調布市上石原に分園設立、母子寮と養護部（二葉学園の前身）を置く。

昭和二五（一九五〇）年　南元本園再開（保育園四三人、乳児院一五人、母子寮一〇世帯）。
昭和二六（一九五一）年　上石原分園消失、再建（母子寮をやめ、養護部五〇人）。
昭和三一（一九五六）年　南元本園に母子授産の家開設。三八年廃止。
昭和三九（一九六四）年　社会福祉法人になる。

保育園が母子寮を併設して家族の面倒をみるというのは、戦災未亡人や離散家族の多かった戦後らしい風景である。国の福祉が貧困な時代、キリスト教関係者の貢献は小さくなかった。そのなかでも渕上さんたちが仮寓した二葉保育園は、昭和初期からの歴史を持ち、震災や戦禍をくぐり抜けて事業を展開してきたところだった。

それにしても渕上さんたちにはれっきとした父親がいる。

——母子家庭でもないのに入れたのは、二葉保育園の園長である徳永恕（ゆき）先生の特別扱いだったらしい。徳永先生とは遺愛女学校時代以降の社会奉仕活動の時代に培われた関係だった。とにかく強い使命感を持った篤志の人だったと思う。

## ●流転の生活

だが母子寮は母子寮、いくらなんでも父親は同居できない。「別にどこかにいて、週に一度ほど大きな顔をして現れ、子供たちを連れ出した」。といって美味しいものを食べさせてくれるでもなければ、欲しい物を買ってくれるわけでもない。義雄氏も素寒貧だったのだ。

正業に就くタイプではない「親父は、戦後まともに稼いだことがない」。といって闇物資の横流しなどで財を成した人たちとちがって〝巧く立ち回る〟タイプではなかったのだろう。

それでもいくつか事業を試みたことはあった。

ひとつは「戦前やっていた三義洋行という医療関係の卸問屋のような会社」の再建。しかしうまくは運ばなかった。元の会社そのものが、営利事業体とはいえなかったようで、当時の関係者が集まっても計画倒れに終わったのだろう。

その他の事業話もうまくはいかず、母は住み込みのメイド仕事になると子供たちを北海道の兄宅に預け、母子寮を手配しと、家族離散をかろうじて食い止めながら懸命に働いた。

母子寮暮らしでの楽しい思い出といえば最初の調布時代、近所に独楽を造る会社があってケンカ独楽に興じたことくらいだった。「馬橋の独楽」と言えばちょっと有名だったらしい。

そこを焼け出されて移った新宿旭町はドヤ街の一角で、調布では曲がりなりにもひと部屋だったが、ここは薄い板壁かそれもなく互いの家具で仕切るだけの状態だった。そこで老女の首つりという「気味悪い」事件にも遭っている。

――ここから狭いトンネルガードを抜けて通った四谷第五小は、花園神社の先の三光町にあった。金持ちの家の子が多かった。金持ちといっても旧青線地帯を控えた土地柄だから堅気の商家ではない。学校でも付け届が横行し、ろくな履物もない母子寮の子は「貧乏人」と蔑まれる。この学校ではいじめられた。だから雪が降って雪合戦になると、中に石を入れた雪玉を投げつけてやった。

向こうっ気は強かった太郎君である。

――旭町の母子寮が建替えになったということで移った信濃町の母子寮は、低地の貧民街だったが、旭町に比べて建物も新しく、転校した四谷第六小学校も第五小学校に比べていい学校だった。

だがそこは長くは居なかった。母親が外人宅に住み込みで働くことになり、また北海道の岩淵家に預けられることになったためだ。

――お袋の新しい仕事先はミセス・ゲラルディという白系ロシア人で、杉並に家があった。お袋としては、子供たちだけを母子寮に置いておく気になれなかったのかもしれない。母の実家、母の母はまだ健在で実兄、実妹がいた。

この二度目の函館暮らしで太郎少年は、当時の「政治」の一端を垣間見る。敗戦後の労働運動や左翼運動が強かった北海道は、朝鮮戦争期に日本共産党と道警当局との対立が激しく、預けられた伯父は歴とした日本共産党員で、この家にも弾圧の波が及んだためだ。

だが、母親としては緊急避難のつもりだったのだろう。間もなくまた東京に呼び返された。

連絡船で津軽海峡を越えて東京まで、子供三人だけの長旅も安楽ではなかったろうが、ようやくたどり着いた上野駅に、迎えに来るはずの母の姿がなかったとき、どんな心細い思いをしたことだろう。

――姉弟三人で探しても誰もいない、金もない、行くところもない。駅員に訊いて信濃町まで行こうということになった。都内なら同じ切符で乗れたのだろう。信濃町の母子寮には顔馴染みの人もいて、ここでようやく母親に再会できた。

子供たちを呼び戻した母親は、家族の生活を再建するための具体策に着手する。それは滅多なことで追い出されない自分たちの家を持つことだったと思う。土地の売買は兄妹の間でもなかなか大変なのだが、それを元手に一家の家を持つのは戦後の渕上家の悲願のようなものだった。

――お袋には、七飯に六〇〇坪の土地が遺されていた。それを売り払って家を建てるという計画。

当時国府津中学で教員をしてた恩師・藤森先生の許にしばらく引き取られたのも、その一環だったらしい。

国鉄（現ＪＲ）国府津駅の山側にあった家は、先生の通う国府津中学まで歩いて十分くらい。二間だけ（事実上一間）の掘っ立て小屋みたいなところで、狭い場所に寝かされ、先生は隣の部屋に寝る。先生も金はないから食事はたいてい納豆、栄養をつけると卵を入れていた。近くの川でワカサギみたいな小魚を手ですくってきたんだけど、先生に見せたらそんなものは捨てなさいと言われ、結局食えなかった。

貧乏は相変わらずだが、当時（小学四年生）「女の子にはけっこうモテた」という。

――藤森先生は、そのあたりでは名士。そこに東京から来て同居している俺も何となく有名人。見に行こうというのか、女の子が学校へ迎えに来るんだ。Ｎさん、Ｔさんとか名前も憶えている。

インテリ先生のところにきた東京ボーイというハイカラ・イメージだったのかもしれない。電蓄でクラシック音楽を聴かされ、辟易したという。

半年ほどして東京に戻る。練馬区は上石神井に家が出来て、一家が揃ったのである。

## ●ついに持ったわが家。だが…

岩淵家の順への遺産として――七飯の六〇〇坪の畑を売って、母は善福寺公園近くのミセス・ゲラルディのところに通えて、できるだけ安い土地ということで石神井川添いの杉林の前の空き地を決めたのだろう。

――建てたのは六畳ひと間の板張りの部屋と一間の押し入れ、土間と台所、便所だけである。雨戸もなく、ガラス戸があるだけである。庭先に杉の根っこが上だけ伐採して根っこはそのままである。それを親父が一つひとつ掘り出して平らな畑にした。こうすることでこの土地の資産価値は多少なりとも上がっただろうことは、父親の名誉のためにも付言したい。家が狭い分畑は広くなる。梨や桃の果物のほか、練馬だから練馬大根、ネギ、トマトも植え付けた。

それにしても家そのものは、まともには遠い。

――銭が足りなくて屋根には瓦を載せられない、瓦を乗せられないのは最初はそういうことだったが、実は柱が細すぎてセメント瓦でもダメということだった。畳も入れられない。隙間だらけの板張りの床板から節が抜け落ちて下が見える。だから冬はめっぽう寒かった。

「緑の小庭に赤い屋根のマイホーム」とはいかなかったが、ともかく家族の暮らしが始まった。

太郎君は杉並区立桃井第四小学校に転校した。練馬区在住で杉並区の学校とは「越境」だ。

――練馬の小学校は程度が低い、杉並の学校は良いとお袋か親父が考えたのだろう。自分も英語ができるインテリだったから、子供に良い教育を受けさせたいと思ったのかもしれない。学校では当時、「メチャブツケ」というドッジボール遊びが流行っていた。

いずれにせよ卒業まで約二年半、一番落ち着いた小学校生活だったと思われる。

「勉強はあまり好きじゃなくて成績は中ぐらい」だった彼は、模型工作と絵を描くのが好きな少年になっていた。

――吉祥寺に模型屋があって、上石神井から歩いて一時間くらい。ときには学校をサボってそこへ通った。きっかけは学校の授業で作った竹ヒゴの模型飛行機。店には小型エンジンなんかもあったけど眺めるだけで、自分で買ったのは竹ヒゴだけ。絵は戦艦大和やロケット、戦争もののイラストを描いていた。アメリカのセーバージェット機や雑誌の影響もあったかもしれない。『丸』や『航空情報』とか、模型屋にも置いてあった。新しいのはもちろん高くて買えないから立ち読みだけど、写真がきれいだった。

当時〝軍事オタク〟は少年文化のひとつだった。アメリカの最新型ジェット戦闘機やロケットなど、とにかく「カッコよかった」のである。「そこから軍事主義に傾斜するのもいた」と言うが、当人も一時は航空自衛隊に入ることを考えたというから、まんざら無縁ではなかったろう。

――鉄道模型には興味なかった。電気でモーターを動かして小さな線路で電車を走らせるのは当り前でナニモノでもない。だけど蒸気機関車には関心あった。模型はアルコールで窯を焚いて水蒸気を作りシリンダーに蒸気を送ってピストンを動かし車輪を回す、このメカニズムが蒸気機関車の模型には詰まっていた。それに比べたら原発なんて単純だ、動かないもの。ものすごく高い値段で、金がないから外から眺めていろいろ想像する。今でも金と暇があったら蒸気機関車の模型は作ってみたい。

当たり前のものではなく「不思議なもの」に関心を惹かれるところが、並の「工作少年」とちがう「理科少年」である。

母・順さんが通いのメイドで生活を支える一方、父・義雄氏はいろいろな事業に手を出しては失敗を繰り返していた。

――親父は右翼の世界ではそれなりに有名だった。そこらに金の相談に行くと、その場ではＯＫとなるが、実際には金は付いてこない。最初はいいけど結局は詐欺同然の話になる。周りにはブローカーもいただろうけど、親父自身はブローカーではない。

小学校卒業の少し前、最初の東海村原発の清掃請負の事業計画には、渕上さんも「モノになりそうだと一時は期待した」という。「一九五三年アイゼンハワーの〈原子力の平和利用〉演説の後のことだったと思う」。それなりのリアリティはあったのだ。

義雄氏は大いに吹きまくったようだが、結局資金繰りがつかず頓挫。「家に電報が来ると『マル、デキヌ』。金がなくてはどうにもならない」。

その手の話が持ち込まれると手付金でも入るのか「家で宴会になる」。牛肉を買い込んできてスキ焼きになったりするが、「味見」と称してあらかた父親が食べてしまうのを、子供たちは視ているほかなかったとか。

それでも家の中だけですめばよかったが、そうはいかなかった。

——親父にとってはこの上石神井の掘っ建て小屋は〝天下を取った〟ようなものだったのだろう。昼間は開墾や畑作り、時には謡曲を謡い、夜は焼酎などというわけだが、ちゃんとした生活感覚が成り立っていない傾向がある。概して渕上家は経済面で破綻しており、酒屋や魚屋、八百屋なんかでツケで買物をしては、酒を呑んで刺身を食ったりする。俺も酒を買いに行かされたことも度々あった。そのツケが積もり積もって清算できない。

結局彼が六年生を終える頃には、せっかく造った家を手放すしかなくなっていた。「わが家にとって家を持ったのは革命的事態であったのだが、やがて二年後反革命に遭って、あらためて全部取りあげられることになった」と振りかえりつつ、渕上さんは「渕上家には計画経済は通用しないことが判明したことである。そういう意味では父も母も似ていたと言えなくもない」と述懐する。とにかく住むところがなくなる。再び訪れた一家の危機である。

### ●再び国府津へ引越し

——そこでお袋がまた最後の頼みの綱、藤森先生に頼み込み、先生の勤めていた国府津中学の小使になって、その住居に家族で住み込ませてもらうことになった。

この引越しを前にお袋が「この際、断然離婚する」と宣言した。

離婚話はそれまでにも何度かあったが、そのたび思いとどまったのは母の優しさだったのだろう。だが、親譲りの遺産を売り払って建てた家と外人宅でのメイドの収入と、やっとの思いで再建した家族の暮らしの支えを二つながら失うに及んで、ついにキレたということだろうか。「仏の顔も三度」というが、三度や四度ではなかったにちがいない。

――お袋と姉と俺で相談することになった。お袋の姿勢は固かったが、子供たちは親父に同情的で意見が合わない。姉はこの種のことであまり主張する人間ではなかったから、主導権を取ったのは俺。歳もくっているし、今から何をやってもうまくいかないだろうし、一緒になってくれる人もいないだろうと。男同士ということもあったかもしれない、結局親父も連れて行くことになったのだが。親父自身懲りない性格で、最初はいくらか温和しくしていたが、直ぐに馬脚を露すことになったが、お袋のほうは、公的立場もあって、本当の破綻までには至らなかったと思う。生活費としての借金は増え続けていたが、退職金まで当てにしていたのだから、お袋も相当なものだ。

それにつけても、事あるたびに救いの手を差し伸べてくれる藤森先生とは、どんな関係だったのだろう。若い頃の師弟関係や、キリスト教的な同情心で説明できるとは思えない。

渕上さんは、「彼女は父義雄との結婚に噛んでいたから、負い目があったのかもしれない」と推測する。たしかに経緯からして責任を感じてもおかしくはない。だが、それだけだろうか。母・順さんは、かつての恩師の同情や責任感に甘えるような人だったろうか。

後年、ベトナム反戦と学園闘争の時代に「独りで東横線の車内でカンパ活動をしていた」というように、順さんは決して〝忍従の妻〟だったのではない、社会運動家としての矜持を持った生活力ある女性だったと思われる。藤森先生との師弟関係は、社会運動を通じて培われた強い信頼だったのではないだろうか。

ともあれ渕上一家は両親離婚の危機を乗り越え、揃って神奈川は国府津の地へ転居する運びとなった。他に行くところがなかったのだ。

## ●小田原の青春1——中学時代

移り住んだ国府津で国府津中学校入学、いっぷう変わった中学生活が始まった。学校に「通う」のではない。小使室だから校内に住んでいるのである。そして、住まいの小使室の隣は宿直室だった。

——その頃は教師に「宿直」があって、交替で学校に泊まり込んでいた。彼らもヒマだし俺もヒマ、よく宿直室へ遊びに行った。教師はだいたい呑ん兵衛だし、こっちは四歳のときから呑んでいる。時には親父も加わった。体格はいいし歳も教師より上で話に花が咲いた。

母親も嫌いなほうではなかったらしく、酒は規制されなかった。「そこだけ見れば仲の良い、うまくいってる一家だった」。だが父親にまともな稼ぎはなく、家計は火の車。母親も小遣いをくれるわけではない。さりとて「中学生ともなれば、いろいろかかる」。そこで、とりあえず一番手近な新聞配達を始めるために、「自転車」に乗れなくてならない。学校に置いてあった自転車で必死になって覚えた。

商売屋は別として、車のある家はごく一部の金持ちだけ、普通の家で乗り物といえば自転車だが、貧しい家にはそれもない。

——都内なんかは走って配ってたが、それほど人口稠密じゃない地だから自転車。販売店が貸してくれる。ところがその最初の自転車が大変な代物で、ブレーキが効かない。最初の日、下り坂にかかって気づいたけれど、もう遅い。途中で右に曲がらなきゃならないんだが、それどころじゃない。坂の下の橋まで行ってやっと止まったが、ホント死ぬかと思った。

その恐怖の自転車にもすぐ慣れたか、早起きして百二十余軒を一時間ほどで配り、毎日、「休むわけにはいかない。一生懸命やった」と本人は回想する。

そうして自分の金を手にした渕上少年は、次にニワトリを飼うことを思いついた。

当時、卵は貴重品で、鶏小屋でニワトリを飼い、自給する家も珍しくはなかった。だが、渕上少年が最初に狙ったのは卵ではない、肉鶏である。

――雄のヒヨコを一羽五円（三円だったかもしれない）で五〇羽買った。学校だから庭はある。そこで育てて鶏肉屋へ持ち込めば、安いところでも一二〇円、高ければ三〇〇円で売れる。太らせて高く売ろうと、餌をいっぱいやった。ところがこれが大失敗。ヒヨコってとにかく餌をよく食うんだ。食って食ってもう腹一杯となったときは死ぬ時。経産省前の小鳥たちがよく食うのもわかる。

国鉄（現ＪＲ）の初乗りが大人一〇円、東京では蕎麦屋のモリ・カケが二〇円、喫茶店のコーヒーが三〇〜四〇円の時代である。貨幣価値を現在のおよそ一五倍とすると、このとき渕上少年は、今なら四〇〇〇円足らずの投資で二万円近くの純益を目論んだ勘定だが、当初の胸算用も空しく、三〇羽、二〇羽と減っていき、一〇羽になってお手上げになった。

そこで母親に教えられゲンノショウコを与えて、辛うじて七羽が助かったという。ちなみにゲンノショウコは、胃腸に効くとして知られる野生の薬草で、各地で普通に見られた。

その傍ら、卵を産ませることも追求。当然ニワトリの種類も、飼い方も変わる。

――白色レグホンの六〇日雛を五羽買い、狭い場所で効率よく飼うために、最新式の鶏小屋を用意した。「バタリー式ケージ」と呼ばれるもので、鶏が産むと卵がコロコロと落ちてくる。何か大人の雑誌で作り方を見て手づくりした。そのうち卵を産み始める。

こちらは軌道に乗った。ただし、店に売ったのではなく、自家消費だった。

――雄とかけ合わせるわけじゃないから無精卵だが、一日四、五個産まれる。それをお袋に五円、十円で売る。小遣いはくれないが卵は買ってくれた。それが弁当のおかずになる。

肉鳥は売ってしまえば終わりだが、卵のほうは再生産が続く。だがそれも、鶏によって個体差があることに渕上少年は気づいた。

――白色レグホンの場合、体形がバランスがとれていて正三角形に近いほど、卵をよく産むとは聞いていたが、観察するとその通り。見事にボディラインに一致していた。形がエダラっとしてるのは産むのをサボるし早く産まなくなる。そういうのは食ってしまった。一番形が好くて良く産む一羽に俺は「梅」と名付けた。こいつは五年以上産み続けた。

その「梅」が役割を果たし終えたとき、渕上さんはもう大学生で、東京の学生寮でその死を報らされる。「食ったのか？」と訊いたら、さすがに食えなかったという。

貧しい一家に貴重な蛋白源を提供し続けて天寿を全うした一羽の牝鶏は、家族の一員のような存在だったのだろう。

では、学校生活はどうだったのか。

――そう賢いほうでもないし努力したわけでもないが、一年生のとき全校共通の学力テストが、藤森先生が仕掛けて行われ、このときは好い成績をとって全校で十番以内に入った。

劣等生ではなかったが、総じて学業よりも金銭の面で、苦労と工夫を重ねた中学時代だった。

それも終わりに近づき、次はという段階で、一通の採用通知が届いて大混乱になった。

――会社はナショナル（松下電器＝現パナソニック）。試験を受けた覚えはないから、たぶん書類選考で決まったのだろう。その通知が、保護者欄に書いておいた親父宛に送られてきて、最初にそれを見た親父がビックリしたらしい。

本人は「中学卒で仕事をするつもりだった」が、戦前に大学へ行っていた父親にも、女学校を出て英語もできた教育熱心な母親にとっても、そんな進路選択は「とんでもない話」だったのだろう。

とはいえその頃、中卒就職は決して珍しいことではなかった。

——当時、中学生の半分くらいは卒業して働く。家業があれば、もちろんそれを継ぐ。同級生のT君は成績優秀だったけど親父がいなくて、日本鋼管（川崎製鉄と合併して現ＪＦＥスチール）に入社した。俺も憧れていた。同じ神奈川県だし、入れば学校くらい行かせてくれるだろう。

学歴格差が「成績」よりも家庭の経済格差で決まっていた時代は、なお続いていた。他方、高度経済成長の入り口に立った日本経済は。中卒労働者を「金の玉子」と呼び、大量に必要としていた。なんとか子供を高校に、と願う親たちに、労働集約型産業では「定時制に通わせてやる」と勧誘する企業が少なくなかった。

渕上少年が日本鋼管へ行かなかったのは、製鉄所の重熱筋労働に対して体力に自信が持てなかったためで、「動揺しなければ俺も入れたと思う」と回想する。

アメリカのビキニ水爆実験をきっかけに原水爆禁止運動が始まり、全国各地に基地反対運動が起こり、教員の「勤務評定」が政治テーマになった時代、政府の『経済白書』が「もはや戦後ではない」と宣言し、力道山が「空手チョップ」で白人レスラーを倒してプロレス旋風を巻き起こし、石原慎太郎『太陽の季節』が文壇を超えて社会に衝撃を与え、ソ連が初の人工衛星スプートニクを軌道に乗せた時代は、また「集団就職列車」が各地から多数の中卒男女を、都会や工業地帯へ送り込んでいた時代でもあった。

このとき両親、特に金もないのに頑強に就職に反対する父親との激論状況に、担任教師が入って、育英会の奨学金もあるからと説得され、就職を断念して高校進学の道へ進むことになった。実は本人も「内心では行きたかった」のである。

## ●小田原の青春2――高校時代

高校進学といっても、普通高校と実業高校、全日制と定時制、公立と私立、進学校と落ちこぼれ校などさまざま。「越境入学」もあれば、親元を離れて下宿する生徒もいる。


――小田原は高校もいろいろあって選択肢が広い。俺は私立には関心がなく、実際に行ったのは、姉も通った県立小田原高校。学区内では進学校で、定時制はなかった。本当に成績トップクラスの連中は、学区外の湘南高校に行く。中学から友人だったY君もその一人で、後で教育大理学部の物理学科を受けるとき会ったが、彼は合格したが俺は入れなかった。

男女別の定員はなくて、俺のときは四〇〇人中女生徒は二〇人くらい。姉のときはたった七人だったのを憶えている。その頃、女生徒は小田原城内高校へ行くのが多くて、あまり女子は受けないんだ。その後女生徒も増えて、妹も入った。

小田原高校はアルバイト禁止だったが、奨学金を得て「借金はしなくてすんだ」。できたばかりの特別奨学金制度のお蔭だった。

金銭面での苦労からひとまず解放されたのは、精神的にも大きな変化だったことだろう。だが、こうして始まった高校生活は、当初こそ「俺も偉くなったものだ」と思いもしたが、必ずしも希望に溢れたものとは言えなかった。

――家では親父とのケンカが尾を引いていたし、学校でもなかば不貞腐れていた。それは湘南高校へ行ったY君に対するコンプレクスが大きい。それなりに勉強はしていたが、学業ではとてもかなわない。努力してもどうにもならない。

アルバイト禁止だったから、クラブ活動など勉強以外に使える時間があった。「クラブ活動は、あちこちに出入りした」という。

――まず英語部。英語ができなかったのもあるが、数少ない女生徒がいるのも動機だった。でも女の子との付き合いは、うまくいかなかった。自然科学には関心があったが化学が不得手だったので化学部にも入った。だけど元々やる気がないんですぐに辞めた。要するにいい加減なものだった。

運動部では、一度ラグビー部に入ろうとしたことがある。だけど、身体が小さいからと断られ、入れてもらえなかった。

不貞腐れるのもわかる。普通なら不良になるしかない。

――ある意味で不良だったし、本物の不良グループと付き合いもあった。彼らとの共通点はタバコ。学校に持ってきて隠れて吸う仲間同士、教師の「タバコ検査」の前にポケットのタバコかすを払っておくとか、いろいろ対策ができたのだが、家では禁煙ではないので、どうもシマラナイ話である。

振り返って「軟派か硬派かと言われれば中途半端だった」。高校生活の鬱屈した思いは、異性関係によく表れている。

――奥手で女の子との付き合いはなかった。惚れた相手は何人もいたけど手も握れない。しょうがないので城内高校の女の子にアタックしようと街に出たが、思うように引っ掛けられない。理由はいろいろだが、ひとつに服装のコンプレクスがあった。当時はたいていの奴がラシャ地の学生服だったが、俺は木綿のしか買ってもらえなかった。木綿では見栄えが全然ちがうんだ。

学生服には後日談がある。

――同級生のMという旅館の息子が、卒業のとき家業を継ぐのでもう要らないからと、学生服を進呈してくれた。命の恩人とまでは言わないが、これはありがたかった。それを着て大学に通ったんだから。彼は家を継ぐため料理を習わなくてはならず、目黒の魚菜学園に通った。そこが俺の入った大学の寮と近いので、その頃よく会った。実家の旅館は仙石原で、そこで同窓会をやった。

スニーカーは買えても上等な学生服には手が届かなかったわけだが、クラスでは友だちと組んで新聞を作ったりしている。題して『三年一組エロ新聞』。「手書きで、授業中にこっそり回覧した」。助兵衛もいれば呑ん兵衛も〈?〉周りにいたのである。

このあたりが当時の彼の「軟派」の面だったとすれば、颯爽と登場したヒーロー石原裕次郎に対する強い反感には「硬派」の顔がのぞく。

――あいつらは金持ち、ラベルがちがうんだ。たしかに格好いい。だけど悔しい。あとでダスターコートを買った。これは貴重な買物だったが、悔しさが先に立っていた。

当時、男子高校生の代表ファッションだったダスターコートを（たぶん無理して）買った動機が、女の子の眼を意識してのダンディズムより、裕次郎的なものに対する反感だったというのは、そう例の多いことではなかったと思える。

映画館には出入りしたが、観たのは日本映画より洋画、それもアメリカ西部劇が多かったという。歌ではエルヴィス・プレスリーに惹きつけられた。

——一番恰好いいのはアメリカ、最先端という感じがあった。とにかくプレスリーは抜群に格好よかったし、その関連で山下敬二郎。あのバタ臭さが魅力だった。彼が出る「ウエスタン・カーニバル」の日劇にも行きたかった。友だちの影響も含めて、一種の近代主義だったかもしれない。

プレスリーが巻き起こした〝ロカビリー旋風〟は、不良少年の「近代主義」だったのである。当時の「近代主義」のもうひとつの要素が科学技術で、特に理論物理学者・湯川秀樹のノーベル賞は、貧しい「敗戦国日本」の人々の精神を鼓舞する事件のひとつだった。子供向けから大人向けまで各種の科学雑誌が出ていたし、大学の理工系学部の増設が進んでいた。世に言う「理工系ブーム」である。

——俺にも自然科学や物理学への憧れがあって、人工衛星とか湯川秀樹とか電気についての本を読んでいた。数学や物理など理系の学問は厳密、それに対して社会科学なんかはいい加減なものという考えでいたので、進学するなら理工系と思ってはいた。だけど、だからといって真面目に勉強していたわけじゃない。大学進学については、ほとんど投げていた。どうでもよかった。

そんな不貞腐れ高校生を大学へ、それも東京の大学へと突き動かす事件が起こった。「六〇年安保」である。

## ●社会認識と政治意識

渕上さんの社会認識や政治意識の成り立ちは、やや錯綜している。その芽生えは、母に預けられていた函館の岩渕家の時期にさかのぼる。

――あの家には本がいっぱいあった。その中の『スターリン全集』で彼の若い頃の写真を見て、こういうエラい人がいるんだと子供心に思った。岩渕家の男兄弟の一人が共産党員で、何かの事件をネタに家宅捜査が入った。やってきた警官が証拠探しだといって布団を切り裂く、そんな弾圧も見ている。

このときの影響で「スターリンは偉い、日本共産党は正しいと思っていた」。だがそれはまだ時代認識と結びついてはいない。

はっきりした始まりは一九五四年三月、小学五年生のときのアメリカの水爆実験だった。放射能を含む「黒い雨」と「原爆マグロ」に日本中が怯えた。

――太平洋で操業中に死の灰を浴びた第五福竜丸が焼津港に帰ってきた新聞記事を見て、気にくわないと思い、その後少しして無線長だった久保山愛吉さんの死亡を知って、すごい悔しい思いをした。

数年前に占領が終わり、ようやく広島・長崎の原爆被害の写真が公表されたが、「原爆反対」を唱えるのは「反米」だと抑え込まれていたなか、「水爆反対」が先行するかたちで原水爆禁止運動が始まる。日活映画『第五福竜丸』(宇野重吉主演)は、渕上さんの高校入学の年だった。

中学時代の福島「ジラード事件」(米兵による主婦銃撃殺害)や砂川の基地反対闘争、高校一年のときにピークを迎えた勤評反対闘争なども、彼の記憶に残っている。

――そんなこんなで政治に目覚めてはいた。だけど他に面白いことがいっぱいあって、自分がそこに突っ込んでいくということにはならなかった。要するに矛盾の中で生きていたわけだ。

そんな高校生活二年目の冬、心を揺さぶる事態が訪れる。

一九五九年一一月二七日、日米安保条約の改定に反対する労働組合や全学連のデモ隊が、国会正門を押し開けて構内に突入した。翌日の朝刊各紙は、闇夜に浮かぶ〝白亜の殿堂〟の写真を一面に掲げて大きく報じた。

――ショックを受ける。だが実態は何もわからない。条約を読んだこともない。横浜国大に行った先輩に教えを請うた。そしたら電話をくれて、チラシを撒きに行こうと誘われた。

高校生の政治活動は、タバコ、不純異性交遊と並ぶ「非行」とみなされていた。だが、決して模範生ではなかった渕上青年は、学校や教師と衝突したところで、なにほどのこととも思っていなかったのだろう。

安保闘争には高校生も独自の隊列で参加した。彼がデモに加わった全学連主流派の系統の「安保阻止高校生会議」も有力な一つだった。だが「情報交換する奴がいなかった」彼は、それを「見たこともない」まま、単騎戦場へ赴く。

――直接、全学連の本部へ行った。一生懸命に探して訪ね当てた本郷金助町の事務所は、ただ汚いという印象しか残ってないが、そこで唐牛（健太郎。全学連委員長。北大出身）とも会った。どこの田舎のガキが来たかという顔をされたが、俺は「頑張ります」と言って一人で大学生のデモに加わった。当時は皆詰襟だから、高校生とはわからなかったのだろう。

〝高校生活動家〟というより〝ガクレン高校生〟である。こうして「六〇年安保」を闘って、あいまいだった大学進学は「学生運動をやるため」という明確な目的を獲得した。

といって、大学ならどこでもとはいかない。高校と同じく私学は問題外、志望は理系、そして何より東京の大学でなければならない。学生運動の中心は東京だからだ。

かくして国立一期の東京教育大（後に筑波大学）理学部物理学科、そこは不合格となって二期校の東京学芸大（理科）に入る。当時の教育大学はノーベル賞学者朝永振一郎が学長で、その理学部は東大と肩を並べるほどであった。教師になるつもりなど初めからなかったが、一方で物理学にも関心はあったのである。

――二期校では近場に横浜国大があるが、受けようとは思わなかった。横浜は東京の周辺にすぎず、学生運動の中心ではない、という意識だった。

中卒で就職を考えたとき「同じ神奈川だから」と日本鋼管に憧れた〝地元意識〟〈では全くないと思うのだが〉はさっぱりと消えている。この強い「東京志向」は、運動志向と重なってはいるが同じではなかったようだ。

――俺は小田原を離れたかった。小田原は温暖でいいところ、人が穏健な気分で過ごすのには一番いいところだよね。だけど、牧歌的で何事も不明確なまま進んでいくみたいな土田舎でもなく、かと言って近代都市でもないというのが嫌で、とにかく東京へ出たかったのだ。

その一方でクラスでは、手書きの『エロ新聞』を回覧したりしていたのだからおかしいが、意気軒高だったことはまちがいない。

第一志望の教育大に落ちて「Yにはかなわない」ことを再確認させられたのは心の傷になったが、「いちいち悩んでいてもしようがない、次の処に方針を移す」と〝合理的な結論〟を出してしまえば「向かうところ敵なしの感じ」だった。

安保闘争敗北の後、学生運動は「挫折の季節」。その心情を映すように西田佐知子の「アカシアの雨がやむとき」が流行ったりしたが、小田原から飛び出そうとする一八歳の胸に、鬱屈や湿り気はなかった。

そのときの気分を渕上さんは、「玄界灘の荒波を越えて大陸へという意識」だったと語る。

やっぱり満洲生まれ、大陸浪人の息子と言いたくなるが、見当違いだろう。かつて父親の抱いた「大亜細亜主義」は伝承されていない。「明日は東京へ出て行くからにゃ～」という思いつめた感じでもない。今まさに巣立とうとする若鳥の広げた翼が風を呼んでいたのだ。

# 第四章　六〇年代学生運動と「ＭＬ派」

## ●大学生になって

東京学芸大学は都内をはずれた小金井市。国府津から通える距離ではない。当然のように学生寮に入った。

入学した学芸大の印象を、渕上さんはこんなふうに語る。

――悪い学校だとは思わなかったけど、とにかく周りの連中がガキっぽくってね。安保デモの全学連と比べて、これが同じ大学生かと思った。女の子にはセーラー服姿までいたり、喫茶店は不良の溜まり場だから入ってはいけないとか、酒場なんかとんでもないとか、やることなすこと高校生並なんだ。ここは本当に大学かと守衛室で訊いたくらい（笑）。

自分も友人譲りの高校の学生服を着ていた彼だが、先生になろうと秋田や鹿児島、岡山といった地方から出てきた真面目な新入生たちより、数段マセていて当然だった。

――それでも学芸大は運動の盛んなとこで、キャンパスで撒かれるビラで、四トロ（第四インター）から日共・民青まで各党派がいるのはすぐわかった。だけど安保全学連の先頭で闘ったのはブント（共産主義者同盟）、それ以外の党派に入る気はまるでなかった。左翼系の社研の部屋に行って「ブントはいないのか」と訊いたら「今日はいないが」と名前を教わって会ったのが望月彰さん。静岡大にいたが「学生運動は東京だ」と学芸大に来たという。同じ感覚だ。好い先輩に巡り会って一緒に活動することになった。

すでに有数の活動家だった望月氏とは、その後ブント系の離合集散で党派的には袂を分かつことになるが、人格的な敬意を失ったことはない。クラシック音楽が好きで〝ゴキブリにだって命はあるんだ〟という優しい人柄だった。ずっと後のことだが「縁のなかった山登りに連れて行かれたこともある」。

この望月氏は後年原発反対運動に加わり、東海村のＪＣＯ臨界事故について克明な分析を遺した（※）。「三・一一」の前年に亡くなった彼を渕上さんは「存命なら一緒にやれたんだが」と追想する。

（※）一九九九年、死者二名を出し原発関係者に衝撃を与えた放射能事故。
望月彰『告発！　サイクル機構の「四〇リットル均一化注文」』（世界書院）

——学芸大の男子寮は幾つかあって、目黒にあった目黒寮は四人部屋が百ほど、寮生は三、四百人くらいいた。〝貧者の共同体〟といった雰囲気は、ひと言で言えば自由闊達。いろいろなことが実質的に寮生によって決定され運営されていた。

当時、食うと言うことが生活上の最高級の問題であったが、学生食堂でも決められた時間に帰ってこない彼の分は皆に食わせてしまう、ということになっていて、ご本人にはたいへん気の毒なことであったが、俺もよくそこへ食いに行っていた。

麻雀も盛んでメンツが揃えば「ロン！」。やらない奴は部屋を出て行くが、大体やることになる。寮委員会ではアルバイトの紹介もしていた。学校の自治会でストライキとなれば、寮でも全員スト体制になる。

高校時代に続いて受けることになった特別奨学金は月額七五〇〇円。大学卒初任給が一万円を超えたばかりの時代、年間授業料が九〇〇〇円の国立大学生が、これまた超格安の寮に住めば、潤沢だったことだろう。渕上さんはこれを数カ月分まとめて受け取ると、寮友と目黒駅西側の一角にある安キャバレーに繰り出したという。寮は生活の場、運動はあくまで学校が舞台だった。

その大学では、他党派との論争が待っていた。

――第四インターには経験豊富で賢い人が多かった。当時まだ何も読んでいなかったから、体系的な議論でオルグされて困った。彼らには「六〇年安保は誰が闘ったのか」と言って対抗した。民青は落ち目の三度笠、端っから問題にならない。『戦旗』を読んでたからもうスターリンが偉いとは思わなかったけど、必ずしも「反スタ」でもない。とにかく共産党じゃダメだと。革共同も同じだ。

ブントは「共産党がどうであれ俺たちはこうだ」というのがはっきりしていた。これはブントの性格でもあったし、俺のレベルでも常識だった。すでに運動には確信を持って学芸大に来たわけだから、どう闘うのかという議論だった。

入学して最初の行動は、政暴法（政治的暴力行為防止法）反対闘争のデモだった。

――かったるい闘争だった。デモ参加者は一〇〇〇人もいない。全学連の動員といってもこんなものかと思った。清水谷公園で集まって国会まで機動隊の併進規制、まったく盛り上がりに欠ける。そのうち都の公安条例の改悪で国会デモそのものが禁止になる。「請願」ならいいと。「敗北」ってそういうことなんだな。こっちは組織も運動もズタボロ、関西では京都府学連が健在で一万人でデモしたり、動員力がまるでちがう。逆に、あいつら本気で安保を闘ったのかよという不信感は後まで残った。

学芸大からは四トロも含めて十名くらい。教育系学生はパクられたら教員になれないから気をつかう。俺自身は教員になるつもりはないから気にしなかったけど。

この一九六一年、ソ連の大規模連続核実験が世界を揺るがせ、「ソ連支持」の共産党と「あらゆる核実験反対」の社会党との対立で日本原水協が分裂。次いでソ連のミサイル配備で「キューバ危機」が、核戦争寸前という状況をもたらした。大国アメリカの鼻先に産まれた新生キューバが世界の注目を集める。

だが、渕上さんの回顧にこうした話は出てこないし、「キューバを守れ！」のアメ大デモに社学同系は参加していない。

政暴法闘争の後、東京社学同が掲げたテーマは「改憲阻止」、具体的には「憲法公聴会阻止」だった。東京を皮切りに全国を巡回した公聴会を追いかけて展開された〝渡り鳥シリーズ〟の行動は、社学同系にとっては、全国的な連携を回復する組織活動でもあった。

## ●大管法闘争とストライキ処分・ブント再建論争

明けて一九六二年、政府が打ち出した「大学管理法案」が新たな政治焦点に上る。「大学が革命運動の拠点になっている」とする荒木文相の高圧的姿勢は、学生運動に対する公然たる攻撃であった。他方、国立大学協会は〝教授会自治〟の立場から反対を表明した。

大学の強権支配・学生自治・教授会自治が三つ巴の過程で、大管法闘争は久々の大衆的な盛り上がりをみせた。直接の対象は国立大学だったが、一一月三〇日の東大本郷の銀杏並木集会には、私学を含め主要大学が隊列を揃え、六千人を超えた動員で盛り上がり、沈滞していた学生運動の空気を変えた。

闘争に押されて大管法は見送られた。「当時の雰囲気は〝勝った、勝った、勝った！〟」。東京の学生運動は沈滞を抜け出す。

学芸大には独自の問題があった。教員養成に関する「カリキュラム改訂」である。

――教員養成のカリキュラムで実習を増やすと言い出した。真面目な学生には教育内容の充実だと歓迎すべき内容に思えるだろうが、実習は普通の講義とちがってサボるわけにいかないから、活動家にとっては拘束が増えるので困る。そこで「強権的な手法の実習増加反対」を打ち出した。

乱暴なこじつけとは言えない。「所得倍増」を看板にした池田内閣の「人的資本開発（マンパワー・ポリシー）」は、学校教育の「現代化」を、したがってまたその担い手を必要としていた。学芸大生にとって「大管法」と「カリキュラム」は〝教育の帝国主義的再編〟として分かちがたく結びついていたのである。

――学校当局との団交には七、八〇人が参加する。そのときの学長は安保の後に着任してきた高坂正顕。俺も彼と対面して議論したのを憶えている。何を言ったかは忘れた。

――六三年、カリキュラム改訂反対で臨時の「全学闘争委員会」を立ち上げ、俺が委員長になった。自治会執行部もわが方が握って、その体制でストライキを提起した。学生大会の一票投票で可決されてスト突入。その先頭にいた俺と自治会委員長他二名が退学処分を受けた。誰と誰を処分対象にするか、学生と当局とのあいだで昔から暗黙の駆け引きがあった。大事な人を処分させるわけにはいかない。

二年生で自治会委員長になった吉野君も処分された。「明るくて元気のいい奴だった。本当に先生になりたかったんだ。悪いことをした」と、渕上さんは先に亡くなった後輩を追想する。

大管法闘争は左翼諸党派の流動・再編の契機となった。

東大銀杏並木集会の参加をめぐって革共同が分裂、学生少数派の中核派は社学同・社青同解放派に接近して、以後三派の共同行動が定着する。「三派連合」は六四年秋の米原子力潜水艦ポラリスの横須賀配備、次いで日韓条約に対する闘争を担いつつ、六五年に都学連、続いて翌六六年には念願の全学連再建を果たす。

この時期、南ベトナムの解放闘争に対するアメリカの軍事介入が本格化し、六五年の北爆を契機に世界で反戦闘争が拡大する。アメリカでは公民権運動を皮切りに黒人解放闘争が激化する。ラテンアメリカでは「国境を超える革命」が進展する。東欧の反官僚闘争と中国の「プロレタリア文化大革命」が〝社会主義〟を揺るがす。国内では水俣をはじめ反公害闘争が各地に起こり、三里塚で新国際空港建設に対する現地反対同盟の抵抗が激化する。ベ平連が従来とは違うスタイルの市民運動を展開する。大学では私学の学費値上げを契機に学園闘争が燃え上がる。

こうした政治・社会状況への対応を迫られ、諸党派は流動・再編の波に洗われる。なかでもブント系の動きは、前衛党＝共産主義者同盟の再建をめぐって錯綜したものとなった。

渕上さんは六四年「ＭＬブント」（議長・佐竹茂）が旗揚げすると政治局員となり、「日韓階級決戦」の先頭に立った。〝ＭＬの渕上〟のスタートである。

——このＭＬブントの指導部には、学生運動出身じゃない人もけっこういたね。そのひとり、「よっちゃん」の愛称で呼ばれていた松本礼二さんは副議長で、全電通出身の生粋の労働運動家だった。だけど話を聴いてもちっとも面白くない。日韓闘争で椎名（外相）訪韓阻止闘争のデモ現場でたまたま私が行動を指示したら、政治局員にあるまじき軽挙だと批判され、このおっさん何だと思った。後で考えれば悪い人じゃなかったし、お葬式にも行ったけれど、当時の学生左翼の戦闘気分には、まるで合わなかった。

## ●労働戦線への移行――生活と政治的彷徨

ストライキ処分で学籍を失った後も渕上さんはしばらくは学芸大の運動にかかわったが、最初の「MLブント」で政治局員となって労働者工作に軸足を移す。当時の組織用語では「労対（労働戦線対策）」、学生の社学同に対応する社労同（社会主義労働者同盟）の指導が主任務になった。

当時、社労同の同盟員は都職労、東交はじめ約二〇〇人、「職場闘争が大事だったが、彼らを街頭へ引き出すことも重視していた」。

具体的には都電廃止反対に取り組んだ。長らく庶民の足だった路面電車だが、自動車の普及で急速に邪魔者扱いされ、一九六四年東京オリンピック以後、縮小・廃線が進んでいた。そのさなかの活動である。

――運転手のオルグに行って、車両から客が降りたあと、車庫に回送する電車の中でいろいろな話をした。新宿角筈を出た都電はその頃、花園町の真ん中を通って道路と家の間を通っていたから、両側に下着やブラジャーを干している、その間を都電が走るわけ。

新宿ゴールデン街の裏は繁華街の舞台裏、戻る先は大久保車庫だったろう。かつて嫌な思いをさせられた四谷第五小学校の記憶がよみがえっても不思議ない地域だが、渕上さんの話は過去には向かわない。

――組織の専従といっても金が出るわけでもない。アルバイトしなきゃならないが、もう学生じゃないから家庭教師の口もない。しばらく缶詰工場とか単純労働でしのいだ後、新大久保の明治通り沿いにある松田タイプ社という社員二〇人ほどの印刷会社に就職した。

――和文タイプで印字した青い原紙をドラムに巻き付け、一枚の原紙で二、三〇〇枚から八〇〇枚くらい刷る。あらかじめ紙を裁いておく〝空気を入れる〟のも重要。ちょっとしたコツが要る。毎朝九時から休みなく紙を裁いていた。ときには原紙に手描きで絵を入れたりもした。

器用なものというか、食っていくためには何でもやるというか。

ゲステットナー輪転機（通称「ゲス」）の操作に熟練した彼は、やがて独自の方法を編み出し作業効率を高めた。現場の工夫で生産性を高める、いかにも日本人的な労働態様を思わせるが町場の零細企業のこと、自分で自分の首を絞めるより自分の位置を確保するものだった。

ここで出会ったS君という自衛隊上がりのハンサムな同僚とは特に親しく、インクに塗れながら一緒に遊び回り、賃上げ交渉をやり、タイピストの女性を奪い合うなど「けっこうデタラメやっていた」という。働き者の印刷工はまた、彷徨する青年であった。

かくするうちにＭＬブントは日韓闘争後の内紛で分裂、〝叩き出された恰好の渕上さんたち政治局少数派〟は六六年のブント再建統一には加わらず〈党〉なき状態に陥る。社学同と社労同、労学二つの活動家組織はあっても、それを指導すべき「親」組織がない。〝母を訪ねて三千里〟ならぬ〝党を求めて何百里〟の政治的彷徨である。この時期、中国文革の影響を受けて「毛沢東主義」を掲げ、中国核実験支持を公然と打ち出したのは新左翼としては異色だった。

――でも、当時の中国の行動を「反帝国主義」の一環として共感する気分は、「反スターリン主義」の革共同以外は、新左翼系各派になんとなくあったんじゃないかな。この毛沢東主義は、共産党内の中国派とも絡んで、後にいろいろ尾を引くことになります。

創るべき〈党〉の結集軸について、当時の渕上さんたちの構想は簡潔なもので、「毛沢東思想・レーニン・学生運動、この三つがあれば〈党〉はできる」。イデオロギーと理論と運動基盤の三点セットである。

問題はその〈党〉の創り方にあった。

方法は内容を規定する。後藤瑛夫氏との論争に表れたこのときの渕上さんの思考方法は、現在に至る歩みにも影を落としているようにみえる。

――後藤は皆で協議して党を創ろうという路線を提起した。俺はそうは考えなかった。党は誰か数人、または個人でも、こうと思った者が旗を掲げて結集を呼び掛けるもので、民主主義でできるものとは思っていなかった。

それまで社労同をコンビで担ってきた同志・後藤氏との「生き別れ」は個人的な確執でも分派抗争でもなく、渕上さんは社労同の仲間を引き連れて川崎への転居を決めた。
「労働運動も東京ではどうにもならない。数万人の労働者がいる大工業地帯・川崎へ」。
一九六七年春、同棲相手と離別し、住み慣れた新宿を後にして渕上太郎は多摩川を渡る。

名立たる大企業群とその関連・下請が密集する京浜工業地帯の中核をなす川崎。ここで渕上さんは東芝タンガロイという会社に入る。

――本当は鉄鋼に入りたかった。「鉄は国家なり」と言われる基幹産業を押さえるという想いがあったからだ。しかし腕力・体力がない、肉体労働には向かないという自覚があって、たまたま募集のあった電気関連の会社にした。従業員七〇〇名規模で、主な仕事は焼結作業。単純労働だがそれなりの技術も要る。

タングステン合金素材の粉末を混ぜてこね、型に入れて高温で焼き固めた物を研磨する。特にベアリングのような球体の研磨はむずかしい。電器産業というより特殊鋼製造に近い。零細企業の印刷工変じて立派な工場労働者である。

### ●激動のなかで

川崎への移住と就職の後、情勢は大きく変わる。

一九六〇年代後半、「ベトナム反戦」は、高度成長の歪みとあいまって広範な共感と参加を引き起し、三派全学連が羽田空港を焦点に展開した六七年十月八日の佐藤首相訪米阻止闘争（いわゆる「一〇・八羽田」）を引金として、街頭行動は急速に拡大・急進化する。「平時の民青・戦時の三派」（野坂昭如）。

他方、日大・東大をはじめ大学でバリケード封鎖が拡大し、高校にも波及する。九州・水俣を代表とする反公害闘争が各地に生まれ、千葉・三里塚では新空港建設阻止の火の手が上がる。続いて部落・在日・女性などさまざまな「差別」に対する闘いが登場する。その全体が「社会叛乱」だった。

それは日本だけの国内的なものではなかった。学生叛乱は先進諸国の多くに燃え広がり、アメリカでは黒人解放闘争と共鳴し、中南米の解放闘争と呼応して「第三世界」を現出させる。東欧の反官僚闘争と中国の文化大革命が従来の「社会主義」体制を揺るがせる。「全世界が激震している」ことを実感させる状況だった。

この時代状況を背景に六八年十月「ML同盟」が結成される。川崎に居を移して、工場を中心にした労働者の組織化に入っていた渕上さんは政治局員になる。

新生ML同盟は、傘下の活動家を「学生解放戦線」「労働者解放戦線」に組織しなおした。これらの名称は「南ベトナム解放民族戦線」を真似たもので、学園闘争を基盤に急速な拡大を遂げた。これらを含む党派として「ML派」が新左翼界に市民権を確立する。赤の中央に太い白線を入れた色鮮やかなヘルメット（通称「モヒカンヘル」）のML派部隊の戦闘力は、高校生も含めてかなりのものだった。

このあたりについて渕上さんの見方は、実はけっこう醒めたものだった。

――全共闘運動を利用してのし上がろうとした。大衆運動に迎合するようなやり方では、党なんてできっこないと俺は思っていた。

これは先に見たように川崎へ移る前からの考え方だった。

六八年十月二一日「国際反戦デー」にML同盟は、真新しい旗を掲げて新宿にデビューする。

――米軍基地へジェット燃料を運ぶタンク列車の運行を阻止しようという、当時「米タン闘争」と言っていた。警察やマスコミの用語では「新宿騒乱」。新宿駅周辺は昼から騒然たる状況で、夕刻には東口の壁が破られて駅構内は機動隊とデモ部隊が衝突、夜中になって騒乱罪が適用される。

最初から新宿を目指した中核派、前日の前哨戦を含めて防衛庁攻撃を敢行したブント、国会へ向かった解放派と、各派昼の行動は分かれたが夜には新宿へ総結集。無党派左翼やフォークゲリラ、膨大な〝野次馬軍団〟を含めて、ベトナム反戦闘争は「社会叛乱」になった。

だが、渕上さんの眼は厳しかった。

――そのあとの総括会議で「勝利」と言われて何だと思った。「やった！」っていうのと「勝った！」っていうのは本質的に違うことなのに、その区別がない。政治組織としては致命的だと思って論争したが多勢に無勢。その後、街頭行動と学園バリケードを背景に大衆的影響はそれなりに広がり、モヒカンヘル部隊も膨れるが、党組織としては矛盾を抱えたままだった。

しかし渕上太郎は評論家でも傍観者でもない。物情騒然たる世の中、川崎から政治局会議へ足を運ぶ。もちろん闘争の現場にも出る。「その頃かなり張り切っていた」彼は、同盟機関紙『赤光』

の財政を担当するに及んで、組織の専従生活になった。

――わがＭＬ派は中国文化大革命に共感して「毛沢東主義」を旗印とし、武装闘争路線を基調に「党・軍・統一戦線」を掲げていた。軍は史上最強のＭＬ軍団、二〇〇対五〇〇でもゲバルトに勝てる。この伝統は畠山が創った。統一戦線として「学生解放戦線」「労働者解放戦線」を作ったが、建前はそうでも、実態は党派組織。統一戦線の具体的なイメージはなかった。

そこで肝心の「党」は、といえば、渕上さんの話からははっきりしない。建前としては「ＭＬ同盟」＝党のはずだが、情勢は軍の形成に向かっていく。党らしくないもののもとにある軍あるいは統一戦線、軍を優先させるにしても行動のイメージと実態に大きな違和感を感じてしまう。そういう主観主義になかなか慣れなかったという。

明けて一九六九年一月、東大安田講堂が二日にわたる警視庁機動隊との攻防で陥落し、街頭ではガス銃の濫用を中心として制圧が強化される。

その激動のさなか、六九年一月に渕上さんは正子さんと結婚した。「その披露宴を市ヶ谷の私学会館でやることになり、俺が申し込み、案内状も作った」。しかし何しろ日々状況が変わるさなかである。「予定した日の日程がつかなくなり、急遽中止せざるを得なくなった」。

――中止を決めたのはよかったが、それを会館に連絡するのをコロッと忘れていた。当日連絡があって、料理を用意して待っているという。半額払うから飯だけ食いに行くのはどうかと交渉したが、結局、全面キャンセル。結局一銭も払わなかった。ひと言連絡すればよかったんだが。

ひどい話だが、そんな乱暴が通じてしまう世情でもあった。

新左翼各派は、物理的、政治的に追い込まれていく中で、〝武装・軍事〟を考えざるを得なくなった。外国の『ゲリラ戦教程』が紹介され、五〇年期日本共産党の非合法武装闘争資料が読まれる。渕上さんたちも例外ではない。

メットと垂木（角材）はデモの自衛武装だったが、攻撃としての武装はそれとはちがう。本格的な武器を持てば「敵を殲滅する」という緊張が生まれる。そう思ってはいたけれど実行できなかった。

少し引いた観点から渕上さんは、当時を総括的に語る。

――「七〇年安保・沖縄決戦」と言いながら、六九年からずっと〝決戦〟続き。万年決戦論というのは一種の思考停止で、軍事的戦術エスカレートだけが主観的に強調される。ヘルメットと垂木の角材では物理的に対抗できないところへ来ていたのは事実だけど、時代の流れとして本格的な武装闘争というほど大それたことができるわけでもない。勢いでやっているだけで、具体的に頭を使っていない。本当の意味でマジメではなかったということだろう。

〝具体的に頭を使う、本当の意味でマジメ〟であることが、先の「政治組織」の条件だとするのは、「党」の在り方、創り方の問題であり、ここで渕上さんは「党主義者」「前衛主義者」である。だが、こうした発想は、その後の「左翼」に対する醒めた視点に通じていくように思われる。

四月二八日「沖縄デー」へ向かう過程で、この矛盾の意識は深まっていったのだろう。四・二八闘争の後、渕上さんは悩みを深め、ついに数カ月間「消耗してフケる」。十年に及ぶ活動家生活で初めての戦線離脱だった。

――もう金輪際やめようと身を隠したんだが、そこに半年くらいして豊浦清（政治局員・東大、故人）に踏みこまれた。説得され党の活動に戻る、戻らざるを得ない。〝皆さんにはご迷惑をおかけしました〟という気分だから彼には頭が上がらない。ここらは俺固有の価値判断があったのかもしれない。

半年近くにわたった戦線離脱から彼を引き戻した豊浦氏との交友には、旧社学同ＭＬ派以来の独特なものだった。「社学同書記長で、会議ではシビアに発言していたが、穏やかな人柄だった」と渕上さんは追想する。

## ●「決戦」前後と「組織なき時季」

ＭＬ派が最後に部隊を結集して組織的に行動できたのは、七〇年の「六月決戦」。渕上さんら神奈川の労働者グループも少なくない逮捕者を出す。その中には、横浜国大を止めていた妹も含まれていた。

この後、渕上さんは彼らの救援と裁判闘争に奔走する。特に重要な課題は拘束された仲間の釈放、そのための保釈金を用意することだった。当時の保釈金相場は三、四〇万円くらいで、遅くなれば安くなった。

何とか保釈金を稼ぎ出すことが大きな課題となる。そのために渕上さんは、チリ紙交換をやることに決め、職業訓練所で車の免許を取る。技能試験も学科も百点満点で八〇点が合格ライン。渕上さんはいずれも「ギリギリで合格させてもらった」。話を聴くと、幸い通った教習所（Ｎ自動車学校）が、あまり厳しくはなかったらしい。

——俺の担当の教官が「就職するんでしょ」と適当に一つひとつの実技合格のハンコを押してくれ

た。卒業試験では踏切で左右をよく見ることになっている。後で教官に「ちゃんと見たか」と聞かれ、「見ました」と答えて通してもらった。

こうして運転免許証を手にした渕上さんは、借金して中古のトラックを買い、「渕上商店」と文字も入れてもらって、チリ紙交換を始める。当時、古紙の値段は下がり始めていたが、その純益で保釈金を作った。もちろん返ってきても弁護士費用に回るので、渕上さんの手には戻らないが、それを承知でやっていた。

古紙も値下がりが続き、収益が下がる。「一トン集めても売上げからガソリン代その他を差し引いて、純益が四千円を割込むに及んで、これではダメだ」ということになった。

自分の妹を最後にして、何とか全員の保釈を実現したのは一九七二年だった。

運動が退潮するなか、ML同盟も解体過程をたどっていた。

残る力をふり絞って戦った七〇年「六月決戦」、それに続く「七・七華青闘事件」を経て、同盟内では「整風運動」が始まった。

華青闘とは中国の文化大革命を背景に創られた在日華僑青年闘争委員会という中国人の組織で、一九七〇年七月七日の日比谷集会でその代表が「日本人左翼もまた〝帝国主義〟だ」と発言したのが、この「事件」だった。旧日本軍の侵略を受けた立場からの「告発」として衝撃的に受け止められ、退潮を迎えた左翼運動を内向きの〝自己批判〟へ追い込んだ。

　これについて渕上さんはこう語る。

――華青闘の「七・七」事件をきっかけに始まった同盟内の「整風運動」はひどいもので、個人の生活を暴き出す。こうなっては党派の政治議論ではない。その意味で、ML派は終わっていたと思う。だから、潰れたことになんの感慨もない。

　ブント系にその傾向が少なかったのは、鈍感だったとか分派抗争に忙しかったとかの理由もあるだろうが、組織の体質というものも無視できない。私生活は個々の問題、政治組織は方針と行動で一致すればいいという合理主義の健全さが働いていたことも否めない事実だろう。一種の近代主義と言ってもいい。渕上さんに即して言えば、高校時代のプレスリー体験にさかのぼる。それはまったく戦後世代の政治思想の新しさだったはずだ。

　その弱点もこの時期に露呈する。端的な表れが「差別」問題だが、ここに関する渕上さんの立場の取り方は、また後でみる。

　組織はなくなっても借金は残る。それを返さなくてはならない。チリ紙交換に見切りをつけた渕上さんは、まず東横線日吉駅近くにあった染谷工務店というところに再就職し、チリ紙交換のトラックで通勤した。半年ほどして転職した先は、川崎駅前にあった白光社という印刷会社。小西六写真の特約店でもあったここに渕上さんは二年近く勤めた。
川崎警察の斜め前で、渕上さんのことを調べにきたらしい。そんないわば「札付き」を面接一つで雇ったうえで「課長」に据えたのは社長の人柄だったろう。「ロシア抑留の経験者で社会党支持者。市議から県議になる武田郁三郎の後援会長をしていた。麻雀がけっこう強い」。こういう人があちこちにいた時代だった。

——俺が入る頃、乾式の今で言ういわゆるコピーが出始めた頃である。まだそういう時代であった。主流はまだ湿式、青焼きなどと言っており、感光紙を使うもので、用途は主として建築、機械設計に関しての設計図の複写である。川崎市役所や近くの川崎重工、小松製作所、川本工業、昭和電工などとの取引があったが、こうしたコピーの仕事を自社でこなすか、請負に出すかはそれぞれであろうが、各工場の敷地内等に「コピー室」を作って貰い、自社でA0まで出せる大型コピーを備えつけ、そこに我が社のコピーのプロを派遣するという形が商売としてユニークだったかもしれない。

工業都市川崎はまた競輪のメッカでもあった。

——入社したてのある日、出勤すると、事務の女性しかいない。皆はと訊くと彼女は「カワサキよ」とニヤニヤ。それで俺も競輪に行くようになった。

中高生の時代から後の団地自治会でもそうだが、生活圏での人付き合いが好いのは、学生運動上がりのインテリ左翼とひと味ちがう人柄である。心の構えが社会に向かって開かれている感じがする。団地自治会での活動については、後でまたみよう。

会社勤めで借金を返しつつ、渕上さんは考えた。

――当然、また党を創らなくてはと思っていた。しかし今は負けたばかりだから、すぐにはできない。当面、相談屋稼業でも始めようかと考えた。

このアイデアは「素浪人・花山大吉」というテレビの時代劇シリーズを視てて思いついたという。仕事を終えて帰った夜中の番組だから、古い番組の再放送だったのだろう。

――主人公の素浪人は、舎弟を一人連れて全国各地を流れ歩いて、揉め事の仲裁やら悪いヤクザを懲らしめたり、それなりに活躍する。でも今はそんな時代じゃないから、どこかに居を定めてよろず相談業。ただし金は貸せませんよ、といった中身。川崎は都市部だから何をするにも金がかかる。

でも、田舎だったら米でも持ってきてもらえばいい。

シベリア流刑時代のレーニンを思わせるようなこの話は夢物語のように聞こえるが、そこは生活感覚の渕上さん。看護師の奥さんを先に安定した職場に送り込んで、その後本人が行くという構想だった。

――ちょうど東大のML派で安田講堂で責任者をやった今井澄が医者になって、長野県の諏訪中央病院で看護師を探しているという。渡りに船。すぐにカミさんを派遣するから俺が住める住居を用意してくれと頼んだ。一軒家をタダで貸してくれることになった。自分は勤務先の仕事の整理をしながら引っ越しの準備を進めていった。会社の同僚たちは歓送会もやってくれた。

何とも「うまい話」だったはずだが、「予定ハ未定ニシテ決定ニ非ズ。シバシバ変更サレル」。さあ行くぞ、という直前になって事情は急転する。

旧ML派の春日研三氏（東大）が日本共産党の中国派と一緒に新しく「日本労働党」を立ち上げるので参加せよというオルグだ。

――とにかく本格的な党を創ろうというわけで、こうなれば相談屋稼業どころではない。日本共産党の中国派というのは初めての経験だが、一緒にやってみるのも新たな経験が積めるかも知れないと思ったし、反米愛国という路線も面白そうだと思った。

長野へ派遣したばかりの奥さんを呼び戻し、川崎で新しい活動に入る。

# 第五章　日本労働党と中国実見

## ●日本労働党への参加と活動

――党の代表・大隈鉄二は、日本共産党から離れた中国派の一人で旧所感派。新左翼ではない。彼を中心としたグループが党の本流。旧ML派では春日研三たちが積極的に参加し、一九七四年、大隈議長、高田副議長の体制で結党したと思う。俺は約四〇人いた中央委員の一人にすぎず、特別の役職はない。

一九六〇年代に入って露呈したいわゆる「中ソ論争」で、日本共産党は当初、中国寄りの姿勢を取ったが、文化大革命が始まる頃から「自主独立」路線を掲げ中国と距離を置く。それにつれて党内の中国支持グループの離党が始まる。特に「一〇・八羽田」以降、その傾向が強まり、新左翼系との接触が生まれる。大隈鉄二氏らもその一人。

他方、一九五〇年代末に日本共産党と袂を別って独自の路線を歩んできた新左翼の中でも、一九七〇年前後の「武装闘争」問題を契機に日本共産党に対する対立感情には濃淡が生まれていた。「毛沢東思想」を掲げたML派系には特にその傾向が強かったとしても不思議ではない。

すでに六〇年代の一時、東京社学同の委員長だった旧友・河北氏は、「日本共産党は間違っていない」との立場を表明し、やがて川島豪氏らと「京浜安保共闘」を創る。

日本労働党は結党時党員二〇〇名近くで国鉄、全逓、電機等の労働者が中心。構成から言うならば「労働者党」の看板に偽りはなかった。渕上さんにとっては、一九六四年のＭＬブント、六八年のＭＬ同盟に次いで三度目の〈党〉であった。とはいえ、この組織は彼が心に描いていた〈党〉ではない。大隈議長の「分派主義」に彼は辟易していた。「今さら日共批判かよ」という違和感は初めからのものだった。「党内では積極的でないと見られていた」という。

渕上さんは、なぜ「反米愛国」「真の民族独立」を基本方針とするこの党に、「生きる道はここしかない」と思って加わっていたのだろうか。

もちろん「左翼」として運動するためには組織が必要で、その機会が生まれたためだろう。それに加えて「労働者を組織することが最大の課題だった」渕上さんにとって、立党当時の日本労働党は可能性を感じさせたのだろう。かつての社労同時代、川崎への移動以来の「労働運動」をめざして、彼は職場回りを「真面目にやった」。

もうひとつ、日本共産党の実像に触れたことの意味も小さくはなかったようだ。

――学芸大でブントに関わろうとした意識からすると、日本労働党に感じたのは、かつて日本共産党の経験がなかったこと。前衛党組織をゼロから創る経験がないままＭＬ派を創ったのだ。労働党の雰囲気はかつての学生運動とちがった。俺はそれを好んだ。組織はこうやって創るものだという感じで、日本共産党にいた人たちとの接触は参考になるし勉強になった。

ここで渕上さんは、いわゆる「新左翼」を相対化している。それは「学連党」として日本共産党から分離した第一次ブントに別な視点を導入することであり、さかのぼれば、共産党の五〇年大分裂の経験を総括することにもつながり得るものだったと思える。事実、七〇年代の運動で日本共産党から離れる中国派諸グループは、大方が旧所感派の系統を引く人たちだった。

日本労働党は、国政選挙にも打って出た。渕上さんが現場に関わった川崎（神奈川二区）と旧東京二区、八区の他、大阪、福岡でも候補者を立てた。

いわゆる「公党」には入らない「諸派」のひとつで、地域に安定した基盤があるわけではないから、選挙運動といっても票を積み上げていくのではなく街頭宣伝が主になる。川崎の立合演説会では、候補者春日研三の代理として渕上さんも演壇に立った。

——それはけっこう気持ちのいいものだ。「爆弾はまだか」などとヤジが飛ぶ。それには「あわてるんじゃねぇ」と応じる。

毛沢東派を自認する日本労働党ならではの応酬だが、左翼なのに「北方領土返還」を掲げたところはユニークに映ったことだろう。

選挙運動最終日はどの選挙区でも主要駅頭で演説合戦になる。各候補、前夜から運動員を動員して場所取りだが、動員ということでは初めから勝負にならないので、「スピーカーの音量とそれをマックスするタイミングが大事」。他の動員者がこちら方に注目してしまえば、現場感覚では勝ちである。

前座、党の幹部、そして候補者の演説というのが標準のスタイルで、川崎駅頭で渕上さんたちは、副委員長上田耕一郎を迎えた日本共産党候補とぶつかった。

――俺はその手の経験はしていたから、集まった人を演説でこちらに惹きつけることはできる。上田のエラそうな演説を聴いていても誰も面白くない、というのが分かることが大事だ。実際の投票は別として、彼らは俺の方を見ている。ところが、次に出てきた大隈の演説が面白くもなんともない。一分も聴いていると皆散ってしまう。それでも再びマイクをとり、数百人は残っていた。この人たちが投票権を行使するかどうかは別の話だ。川崎は競輪・競馬の街、面白いと思えば残る。

「選挙はけっこう面白かった。下手すれば当選するかと思った」という感想は正直なものだったにちがいない。

## ●中国訪問

旧ML派では「毛沢東思想」を掲げても中国との具体的な接触はなかった。日本労働党になって、招待を受けて訪中する機会を得た。といっても「新左翼を抱えている労働党は、いわばトロツキスト、中国共産党には評判が良くない」。だから招聘の序列は低く、最後に招ばれることになったらしい。

最初の訪中は「毛沢東思想学院」の招聘で七〇年代半ばでまだ文革の盛んな頃だった。

――「永続革命」の基本路線はもちろん正しいと思っていたけど、人民にはメシを食わさねばならないわけで精神論だけでいけるわけはない。そこで街中を歩いてみた。すぐに分かったのは、彼らの生活の貧しさ。俺も立派なりをしていたわけじゃないが、彼らとは較べものにならない。日本人に対する拒否感もあったのだろう。隙あれば何かしよう、殴りかかろうとする気配。

こういう実地見聞のセンスは、訪中団の中で渕上さんだけのものだったらしい。

――団長が大隈、副団長が高田で党中央委員二〇人くらいの団だったが、寄ってくるインテリ連中と話すだけで誰も街を歩かない。俺の行動は「日中友好」に反すると批判された。

二度目の公式訪中は中央委員会レベルで、文革が峠を越し「改革開放」が胎動する時期だったようだ。この時は「暴力革命」をめぐって論争になったという。

――彼らは「建設路線」、こちらは「騒動」がなければという話で「鉄砲から政権が生まれる」と言ってきたのに今さら「平和」を説かれても困っちゃう。公式会議の後、碁を打ちながら、俺は「ここに陣地を作って大きな大砲を構える」とかやっていた。文革が後退した時の「四人組」問題など、あまり興味なかった。

「永続革命＝暴力」という現実と「人民を食わせる」現実政策との乖離・矛盾に対する渕上さんの問題意識を、労働党内で受け止めたのは、ＮＨＫにいた萩原たけし氏だけだったらしい。

――群馬のコンニャク屋の息子で、かつてはマスコミ反戦にいて、ＮＥＴや光文社の争議にもかかわったユニークな男。党では対外関係の対策や交渉に当たっていた。職業柄も人格的にも、現実の動きに敏感だったのだと思う。

かくするうち、党に対する渕上さんの違和感は膨れ上がる。

――労働党は党員教育に熱心で、一生懸命労働者党員を教育する。有能な活動家も多かったが、教育、学習で雁字搦めになる。仕事のあと呑みに行くとかそういう類の付き合いができなくなる。かなり信頼関係を持った奴でも職場から切れてしまう。そのうえカンパ、カンパ、ボーナスは全部出せなどとなる。会議と学習会ばかりで、面白くもなんともない。決意して入ってきてもよくて半年で元気がなくなってしまう。党勢はなかなか伸びなかった。

ほとんど信じ難い話に思える。大衆運動家・渕上太郎が不信を募らせたのも当然だろう。

――党内では消極的とみられ、一番不信感を持たれていた。それでも籍があるうちは招集されれば会議には出たし、「気に入らん」程度の発言はしたが、党内の意見対立などは無視していた。

一九九二年、旧ソ連の崩壊という世界史的事件が起る。

――俺はこれで世界が変わるだろうと思った。戦後世界を二分してきたアメリカとソ連という対立がなくなる。ロシアも大国として残るが、とてもアメリカには対抗できないだろうという読みだった。レーニンが創った国だから崩壊は残念だと思った。しかし、これは押し止められるものではない。なぜそうなったか、という問題はこれから長く残るだろう。

これに対して日本労働党中枢は、およそ鈍感だったようだ。

「ゴルバチョフたちも相当苦労したはずだが、党は彼を「裏切者」と言うだけ。紋切型で無内容、つまりレッテル貼りで終わっていた。何とも面白くない。当時、もう日本労働党はダメだろうと思っていたから、中央委員会の議論にもほとんど関心がなかった。

旧ソ連が崩壊へ向かういくつかの事件の中でも、一九八六年四月のチェルノブイリ原発事故は深刻だったはずである。これについて、こう語る。

――党もそうだが、俺もあまり関心を示していない。労働党は革命党だから、この種の環境問題には関心が向かなかったのかもしれない。

今の渕上さんを考えるうえで、看過できない点だと思える。

●東陽書房

日本労働党員として渕上さんはその後半を、党の出版部ともいうべき「東陽書房」の仕事に当たった。その時期の経験は、彼にとって苦しいことが多かったが、別の面からみれば、他の人にはできないようなものでもあった。次にはその経験について見てみよう。

――東陽書房は、資本金五〇〇万円で党が創った会社で、労働者向けの隔月刊雑誌『ぐんぐん』を出すのが役割だった。この種の雑誌としては『学習の友』が良く知られ、伝統もあったが、六〇年安保のあと共産党直系になり、それに対抗して『学習のひろば』が創刊され、それぞれ一応は売れていた。そこに第三の学習誌、いわば毛沢東主義版『学習の友』を投入するという企画方針で、Uさんという人が編集主幹、他に社長がいて、俺は専務になった。八〇年代半ばの頃だ。

出版事業も会社経営も経験のない渕上さんにこの仕事が振られたのは、「会社設立の前、党債を売る資金集めで俺の成績が好かったからだと思う」。渕上さんは経理の勉強をし、複式簿記を身につける。「それでなければやっていけなかったから」だ。指導部には愛想が尽きていても、「めぐってくるものは引き受ける」姿勢がすごい。

それでも渕上さんたちは数人で未知の労働組合に飛び込みで販売して回り、一日二〇部ほど売ったこともあるという。だが、最初の刷り部数はなんと二万部、焼け石に水で、大量に売れ残り「事務所はゴミの山」。初めは党が買い上げる約束だったが、じきにそうはいかなくなり経営は傾く。やがて編集主幹のU氏は病死、雑誌は出なくなった。

雑誌『ぐんぐん』以外に単行本の発行も試みられた。年に一冊程度だが、そのひとつが『思想方法論』というものだった。

――これは毛沢東が編集したマルクス・エンゲルス・レーニン・スターリン、そして毛沢東自身の著作からの引用を集めたもの。かつて五月書房というところから出て、往時の共産党員なら誰でも知っていた有名な本だが、なにしろ翻訳がひどい。まるで日本語になっていない。これを新しい翻訳で出そうという企画だった。

といっても、まともな訳者に仕事を頼む財力はない。そこで金をかけずに「新訳」を出す方法を考えた。

――既に出ている『マルクス・エンゲルス全集』『レーニン全集』『スターリン全集』『毛沢東選集』に当たって、当該の部分を引っぱり出す。これなら事務作業だけですむ。もちろん著作権には触れるわけだけど。

なんとも安直なローコスト方針だが、本そのものは売れなかった。

時は一九八〇年代。左翼本そのものが売れなくなる時代に、こんな古色蒼然たるものが売れるはずもないと思うのだが、それが当時の日本労働党の政治感覚というものだったのだろう。

東陽書房からはもう一冊、『中国民謡集』を出版している。この本が忘れらないのは、学芸大時代の先輩・望月彰さんと関わっていることだ。

――中国へ行ってみると歌や踊りにあふれていて、その中にいいものがある。そこから、中国の民謡集を出版することになった。その相談をするために、ずっと離れていた彼と連絡を取ったのだ。その頃、彼は反原発運動に関わりながら音楽活動をやっていたから。

大学時代の先輩との交流が復活した意義は大きい。だが、この本も出版企画としては当たらなかった。

## ●起死回生のプロジェクト

東陽書房は、主力事業の学習雑誌『ぐんぐん』が出せなくなり、単行本の継続出版もままならず、経営は悪化する。

――俺が経営している間に何とかしなければという思いで、いろいろやった。どうやって出版以外で稼ぐかという目の前のことだけを考えていた。そのひとつが、中国のマツタケを輸入しようという考え。あるいは北京からウルムチまでのシルクロード・ラリーで優勝しようというアイデア。結局どちらも当たらず、借金が膨らむわけだけど。

①乾燥マツタケとチベット体験

日本では珍重されるマツタケだが、「中国人はあの匂いが嫌いで、干して漢方薬の原料にする」。これを輸入して振りかけの原料として売ろうというのが渕上さんの発案だった。実際、永谷園の製品に「マツタケスープ」というものがあるのだが、中身は実はシイタケで味が「マツタケ風」にすぎない。そこで「これはイケる」と彼は考え、蒲田にあった高砂香料という会社へ売り込みに行った。

だがこの計画は、かつて白光社で小西六のカラーコピー機を売ったようにはいかなかった。肝心の輸入乾燥マツタケに蛾が卵を産みつけていて、それが孵化して蛾が大量に発生してしまったからだ。「本来輸入してはいけない蛾」その蛾の発生源とわからぬよう、対策に追われる始末だった。

計画は頓挫したが、この頃の渕上さんは「中国—チベット」問題を現地で側聞するという貴重な体験をしている。かねてからヒマラヤ登山を計画していた由井格さんの案内でチベットの麓、雲南省からチベット入りした時だ。

——雲南省のヒマラヤの麓に近い麗江は、空港の標高が二〇〇〇メートル、高原で三〇〇〇メートル、ここまでは普通に行けるが、白龍山（五〇〇〇メートル）を望む展望台は四〇〇〇メートル。ここまで登ると俺でさえも頭が痛くなった。秘境では酸素ボンベが要る。

そこからチベットに通じる道が、かつては「茶の道（ティロード）」と言われていた。

——チベットの空港は標高二〇〇〇メートルくらい。現地ではラサから行ける所にはいろいろ行った。同行していた盛田が寺を好きだから。しかし、大金を払って雇った中国人の通訳がひどくて、チベット語が分からない。こいつが中身の残っている缶詰の缶を放り出す。貧しい子どもたちがそれを拾うために群がって手を切ったが、知らん顔。チベットに対する中国漢族の露骨な差別を目の当たりにした。

——チベットの官庁は、外から来た人にはチベット人が話をするが、実権を握っているのは漢族。

満洲国と同じ。大日本帝国と中華帝国主義は似たようなものだ。

幼少期を大連で送った「満洲っ子」の感覚が顔をのぞかせている。見かけ上だけの問題ではあるまい。これは彼の中国理解を刺激したはずだ。

②シルクロード・ラリー

次に思いついたのが、北京―ウルムチ間の「シルクロード・ラリー」への参加。それで優勝賞金を稼ごうという胸算用だった。総予算二四〇〇万（内一〇〇〇万は某社が車両提供で調達済み）という規模であった。これは古色蒼然たる出版企画とはちがって現代的である。

――A級ライセンスが要るというので、それを持っている篠塚という男をドライバー（もともとシルクロードラリーは彼の提案であった）にし、ナビに中国人を雇った。それに整備部長とカメラマンにライター、車は三菱パジェロと日産のワンボックス。これで中国に乗り込んだ。

世はシルクロード・ブーム。NHKが長編ドキュメンタリーを放映し、平山郁夫の絵が話題を呼んだ時である。車を借り、ブリヂストンにタイヤの提供を受け、かなりの金も集めた。だが、新宿のビルで開いた壮行会で、早くも二〇〇万円くらいの赤字を出した。ケチのつき始めだった。

予算措置が十分進まなかったが、止められず強行した。

それでもシルクロード経験は格別だったようだ。

――天山山脈は実に感動的だった。その端がカシュガルで、すぐ先は中ソ国境になる。そこから天山山脈を北に向かって超えるとき、峠までは南斜面で日光も強くものすごく暑い。それが北側に入ると今度は一気に気温が下がる。ウルムチのホテルに着いたときは、車がつららだらけになっていた。

チベット行きに続いて渕上さんは酸素ボンベが要る高地を横断し、「中国」というものを地理的・地政学的に実感したにちがいない。移動手段はラクダではなく高性能の自動車だが、往年の大亜細亜主義冒険小説『敵中横断三百里』を思い合わせると、やはり大陸浪人の息子の血は争えないという感想が浮かぶ。

だが現実はロマンチックではなかった。

――とにかくこのラリーを終えて北京に戻った時、金は底をついていた。車両を船に乗せる金もない。日本へ帰れなくなった。ホテルに泊まっていれば毎日宿代がかさむ。金を送れと言っても送ってこない。俺がアメックスのゴールドカードを持っていたので何とか金を借りて、ほうほうの態で戻ってきたが、この中国行きで膨大な借金を抱え込んだ。

目算は完全にハズレ。「俺は一度決めたらブレずにやる」その根性は見上げたものだが、乾燥マツタケの輸入計画がアイデア倒れに終わったのとはわけが違う。アイデアそのものが実はスカだったのだ。彼はそれを帰国してから知らされる。

――レースはＦＩＦＡの認可を受けていないものだったから、優勝しても記録は認められない。主催者は「日中間で」と称していたが、ほとんどヤクザだ。要するに乗せられ、騙されたわけだ。思いつき、成り行きでやるとロクなことはない。

授業料というには、あまりに高くついたというべきだろう。

## ●中国認識と「民族差別」

渕上さんは、旧ＭＬ同盟から日本労働党と「中国派」の政治党派に属したが、中国の奥地・辺境にまで実際に足を踏み入れた。

――俺の中国に対するイメージは変わった。それは根本的な問題。社会主義なり何なりの具体的建設は簡単なことではないということだ。毛沢東の「永続革命」自体は正しいと思う。しかし実際問題として、人民を食わせなくてはならない。これは容易なことではないし、永続革命イケイケドンドンで解決できることでもない。権力を取らなければ話にならないが、権力を奪取するということは、人々に飯を食わせることを約束するのと同様だ。それぞれ国情もあれば文化もあり、発展段階もちがうから、一概には言えない。ま、中国は中国でガンバって下さいというほかない。

そこからすれば、次のような言い方も単純な政治議論とは断じにくい。

――社会主義国が帝国主義と対決しているとき、核武装が問題なら社会主義国も核兵器を持つのは不思議でも何でもない。近代国家の論理からすれば当然の権利。そこには二〇世紀の近代国家の論理が働いているのだから。

さて二一世紀の世界、近代国家の論理はどうなるのか。二〇世紀の真ん中で戦われた朝鮮戦争が、ついに歴史的な幕を下ろそうかという今、あらためて考える意味は小さくないはずだと思う。

渕上さんの政治意識が大方の「新左翼」とちがっていた点の一つに「差別」問題への構えがある。

六〇年代末、いわゆる「入管問題」を契機に「民族差別」が問題となり、七〇年代に入ると、在日外国人、被差別部落、女性、被ばく者、障がい者、果ては沖縄、アイヌに至る問題を「差別」の枠で扱う風潮が続いた。なかでも七〇年七月のいわゆる「華青闘」事件の影響は大きかった。だが、こうした思考方法に対して渕上さんは概して冷淡だった。

在日中国人・中国人留学生については「善隣会館」闘争での接触がある。

――善隣学生会館事件（一九六七年二月〜三月）で孤立した中国の学生がML派に助けを求めて来て、畠山が応援に行った。中国人留学生に暴行を加えるなどよくないといって映画評論家の斎藤龍鳳などいろいろな人が加わった。組織的に対応したのがMLだ。後で「華青闘」を創ったりする中国人留学生や在日華僑の連中と政治的には共闘するが、党としてどこまで信用できるのか。

観念としての「中国人」「朝鮮人」ではなく、渕上さんは目の前にいる実在の人間を視て物事を考えていたのではないか。そこからすれば、七〇年七月の「華青闘」事件に揺さぶられることもなかっただろう。そして、訪れた北京の裏通りや中国の縁辺地域で観た現実の人々の姿から、現実の中国社会を彼なりに掴むことができたのだろう。一九八九年のいわゆる「天安門事件」についてもその後の「民主派」の報道に接しても、さしたる関心は示していない。

## ●日本労働党離党と借金始末

東陽書房は巨額の赤字で押しつぶされるように倒産した。それを契機に渕上さんは、二〇年にわたって在籍した日本労働党を離れる。「一九九五年、正式に『離党届』を出して辞めた」。

それにしても、二〇年は長い。振り返って「無駄な時間」「一生の大失敗」だったと言うが、なぜそんなにも長い間、辞めずに居続けたのかは話を聴いても、もうひとつ判然としない。ただ、このなかで本人の政治志向がゆっくりと回転を遂げたことはうかがえる。

だが、離党しても倒産会社の借金は残る。渕上さんはその始末をほとんど一人で負わなければならなかった。

——俺は保証人だから、会社の借金を個人で負っていた。自分が拡大した借金も一〇〇〇万円以上あった。それは流れの中でやったことだから仕方ない。信用保証協会の保証付きの借金だけならまだしも、二つのサラ金から八〇〇万円、七五〇〇万円を借りていた。

当然ながらその取り立てが押しかけてくる。もちろんコワいお兄さんたちである。

――東陽書房に二人いた従業員には、しばらく会社に来るなと言った。俺一人ならばどうにかなる。俺はヤー公に「ゼニはないよ」と居直り、「借りた銭はちゃんと払ってやる」と言って待たせた。彼らは銭を取り立てにきたのだから、俺を痛めつけても仕方ないと、電話で指示を受けていたようでもある。

この借金を別の保証人に頼っていったん返済するしかない。保証人にとっては、晴天の霹靂のようなもので、それまでは保証人を引き受けてくれていたのであるが、何とも申し訳ないことに、私自身が返済能力に欠けるので、返済圧力の全ては保証人の方に向かう。とにかくその人が自分の借金として返済。旧ML派の同志豊浦氏のほか何人かの人たちには大変な迷惑をかけた。

少し落ち着いた段階で待機させていた社員の二人を別の事務所に来させ、そこで印刷関係の仕事をやってもらった。かつて松田タイプ社で印刷工をやっていた渕上さんは、また印刷の仕事に還ったことになる。このあたりの人生観が面白い。

――人間は不思議なもので、自分の生きてきたやり方、育った世界に還る。そういう大きなループみたいなものがあるのかな。

とはいえ世は「電子化」の時代、印刷業をめぐる環境は、業態も技術面でも様変わりしていた。

タイプ謄写も内職の写真植字も過去のものである。渕上さんは「初老」の歳になって本格的にコンピュータに取り組んだ。それも一労働者としてではない、巨額の負債を負った経営者としてである。

――DTP（電子製版）に便利なマッキントッシュの機器を導入し、社員に使い方を教えた。俺自身はマニュアルで勉強した。だけどあれはやたら難しい。まるで日本語になっていない。「マニュアルのマニュアル」を作ったら売れるんじゃないかと思うくらいだ。マック愛好家の集まりなどにも出たが、こっちはマニアではない。新しい仕事のためだから必死だ。

必要とあらば自分が率先して挑戦しマスターし、年下の従業員に教えて実務を組織する――ここでも彼は「前衛」である。組織的な理念を語ったり、上から指令を下す前衛ではなく、実践的な前衛である。「エムシス」と名付けたこの新会社で、渕上さんは「一生懸命働いて、実労働で借金を返していた」。

――労働党を離れた時、左翼運動はもうやめようと思っていた。実際、一切の活動は止めていたから、事実としてはちゃんと止めている。

渕上さんはこの時期、「党をどう作るか」を考えつつ〈党〉のイメージをごろっと換える。「思いついたのは革命党は陰謀家集団であるべきだということ。〝大衆的前衛党〟なんてあり得ない」

スターリンが定式化し、その後の共産主義運動が継承した「大衆的前衛党」というイメージを自覚的に放棄する。「革命は大衆自身の事業である」というのは理念であって、実際の革命が単純に大衆的であるわけないからだ。

このイメージ転換はある日突然のものではなかった。ひとつには、中国共産党との付き合い、二つにはレーニン、スターリンの文献研究、そして日本での共産党と対峙してきた経緯の回顧、考えの中で芽生え、「九〇年代に革命のイメージが強くなってくる」。

当然、彼らの仲間の人びとと相談し、議論する。

――そこでいろいろな仲間に陰謀家集団が必要だと言ってみたが、これはまるっきり受け入れられない。一人でも賛同してくれる奴がいればあとは有能な奴を集めるだけだが、誰もいない。誰も賛同してくれない。「今はその時期ではない」と。時期を待つほかない、じっとガマンの子。それで左翼活動は一切やめた、左翼は辞めるという言い方になった。

社会的には零細印刷会社の社長と団地自治会の役員、私的にはタンポポ研究、そして心の奥には従来とは異質な〈党〉イメージを温めながら、彼は世紀の替り目をまたぐ。

# 終章　二一世紀：渕上太郎　再起動

## ●「改憲阻止」活動への誘い

小さな印刷会社もなんとか軌道に乗り、巨額の借金返済の見通しも立った頃、今度は「政治」のほうが彼のところへやって来た。

——二〇〇六年の春、蔵田計成さんから電話があって、安倍内閣の改憲路線に反対する行動を始める。一緒にやろうという。ちょうど、借金もあらかた返し終わって、そろそろエムシスも止めようかと思っていた時だった。

この電話を渕上さんは感動的に受けた。

——蔵田さんは六〇年安保の後の六二年の春頃、「都学連副委員長」の肩書で学芸大学の自治会にも文書を送ってきた人。六〇年代末期には「マスコミ反戦」で活動していて、ＭＬ派のリーダー佐竹茂氏と一緒に会ったこともある。その彼が、一切の活動から手を引いていた俺にわざわざ電話をしてきてくれた。俺は彼を尊敬してしまった。

もともと「人を尊敬するタイプ」と自認するが、蔵田さんの電話を受けた心証も、新旧問わず屈折した人格の少なくない左翼人の中で、実に率直な人格に思える。

だが、それでホイとばかり改憲阻止運動に加わっていくには、腰は重かった。以後この「阻止の会」に突っ込んでいく行動の軌跡は、別に本人の報告があるので詳しくはそちらに譲ろう。

ただ、当時の動きについて、インタビューで聞いたことをひとつ補足しておく。

——改憲へ向けた安倍内閣の動きに対応して他にもいくつかの運動体が登場した。

ひとつは旧社会党の正統派を自認して独立した新社会党系の「憲法を生かす会」。旧社会党の多数派が社民党へ衣替えし、少数政党だから勢力は大きいとはいえなかったが、いくつかの地方でそれなりの行動を展開した。

特に共産党主導で発足した「九条の会」はかなりの力を持った。見事にやられてしまったと言う感じだった。党の指導もあったろうが、井上ひさしなどを呼びかけ人に各地でどんどん自主的にできていって成功していた。これらとどう行動をともにできるか。

いってみれば、新左翼だからという党派意識。大衆運動としての問題意識もあった。元全学連O

Bを中心にした「阻止の会」のあっけらかんとした議員会館前座り込み行動は二〇〇七年の二月から五月にかけて展開され、何十年ぶりかでいろいろな人たちが再会する場となった。

この頃、渕上さんは二つの分野に足を伸ばしていた。

ひとつは住んでいる団地での自治会の仕事。この種のものは回り持ちと常連とからなっている。彼も初めは回ってきた仕事を引き受けた。だが、いったん引き受けると半端にはできず、防災訓練やお祭り、折に触れての談話会などを含めて次第に中心的な存在になっていった。テントの張り方や水を効率的に運ぶ容器の知識も、こうした活動で身に付いた。それが「三・一一」以降の運動に大いに役立った。今でも彼は、団地のお祭りの打ち合わせなどが入ると、「俺が行かないとダメなんで」と苦笑しながら経産省前を離れる。

もうひとつは放送大学の受講で、これは十年以上続いている。

——これは要するに安直な大学で、旧来の大学とちがう実利の大学でもあるが、実利だけではまずいと基礎学問もやる。少し専門的分野にも自分次第で探求の手を伸ばすことができる。一番良いのは、様々な講義科目を自由に選択できるところであった。ある意味、今の大学と一緒かもしらん。

彼はいろいろやりたいことがあったらしいが、社会学、歴史、哲学等についてやり直すつもりで挑戦した。

今の彼を惹きつけているのは「カントウタンポポ＝日本の在来種タンポポ」。西洋種が圧倒的に優勢ななかで、思いもかけぬ場所に姿をみせる在来種がある。その花粉を採取するため、彼はプレパラートのガラスをポケットに忍ばせている。往年の「理科少年」、七〇代になっても健在である。

## ●団地自治会での活動

ここで住まいの団地自治会と渕上さんについて、見ておこう。というのもテント設置からその後の盛り下がり、再び運動の中心を務めて今に至る彼の人となりを知るうえで、重要な要素と思われるからである。

――自治会長をやったのは日本労働党を離れた後だ。東陽書房はつぶれたし、別会社のエムシスはやっていたけど左翼の活動は一切止めていたから、時間も多少はある。

団地の自治会では、役員が順番で回ってくる。その三〇人くらいいる役員の中で会長、副会長を選ぶわけだ。特にやりたいと思ったわけではないが、どうせやらざるを得ないならと、会長に立候補することにした。分譲マンション管理組合なんかとちがって、一種の町内会組織。右とか左とかに関係なく一所懸命やっているのがわかってきて、一年やって振り返るたびに、もう少しやり方を工夫してみたらなどと考え、結局三年間続けた。三年以上やるのはまずいと思って、続投の声もあったが三期までで会長は辞め、その後一年間は参与として発言していた。

それ以降も彼は「自治会は活発であらねばならぬ」と、自治会の協力組織を作ることを考えた。いわば折角出てきた活動家をもう少し長く活動家として活躍してもらうことである。

――俺のいる団地は六五一世帯で、月二〇〇円の会費を一年分まとめて集める。これがなかなか大変、ほかに市の広報等を配る仕事も引き受けてその委託費が二十万円くらい入るが、基本は会費。活動が不活発だと抜ける世帯が出て会費収入が減る。これは見ていてすぐにわかった。学生自治会と同じである。そこで三年目の役員で協力的な五、六人を中心に「百生会」というのを作った。うちの団地で自治会に入っているのは、六〇〇世帯を切ったことはない（つい最近では五五〇を切る状況で役員は大きな危機感をもっているのだが）。

地域の防災活動にも積極的に参加した。

――各自治会に防災担当というのが置かれ、行政から主催する防災訓練等への参加協力要請が来る。地域の防災計画が作られ自治会・町内会を含む防災組織が作られる時代である。その組織や運営の大枠は行政の主導で作られるが、大義名分はあくまでも地域住民や自治会・町会にあり、ここをいつも確認しなければならない。これがスタートである。

実は、地域の自治会等が、行政の最末端組織である「避難施設等の運営」にかかわらなければならないというわれはない。もともと「行政の責任である」と言っておればよかったのであるが、阪神淡路大震災から局面が変わった。自治会等の参加が不可欠とされるようになったのである。ここに自治会・町会のヘゲモニーをある程度貫くことは可能となる理由が出てくる。だからその地域での規約や伝統を自ら創りだすことは欠かせない。

——防災訓練となると、消防や警察から自衛隊も出てくる。だから大概の左翼は「防災訓練反対」が常識みたいになっているが、もう少し上手なやりかたはないものかとも思う。このままでは左翼は地域社会で完全に浮いてしまうしかない。これではダメだと思う。俺はその常識に逆らったことになる。

こうして彼は自覚的に左翼を離れることになる。だが、防災活動は今も続いている。

——今では地域の防災組織が小学校・公立学校単位に再編成されて、防災協議会の会議や講習など、いわば行政上の関連組織のようなもの。俺の住む大庭小学校区が一番活発で、年一回の訓練だけど、多ければ五〇〇人、少ないときでも二〇〇人は集まる。その会でいろんな意見交換が生まれる。

これは「住民自治」ということに直接つながる。

――福島の避難所にも行っているが、すべて行政主導で、自治会・町内会の活動はほとんどない。いわゆる「住民エゴ」と分断のもと、行政のヘゲモニーが貫徹されてしまう。「地域コミュニティ」というのも、住民の自主的な活動がなければ単なる行政用語にすぎない。この現状を変えていくことが必要なんだ。

原発の危険を指摘し、「脱原発」を叫ぶことはむずかしくない。だが、原発立地点の地元が「原発マネー」に大きく依存している実情を考えると、〝この現状を変えていく〟ことこそ原発の存在を基礎から掘り崩していく基本問題のように思われる。

東京・霞ヶ関の経産省前に腰を据えて「原子力ムラ」と対峙しながら、渕上さんはそこへ眼を向けている。

# あとがき

淵上太郎

東京霞ヶ関二丁目交差点の一角に経産省前テントが建てられ、それが強制撤去され、経産省前での座り込みが始まり、合わせておよそ六年になる。

これからいったいどうするのか。何故、テント強制撤去後も「経産省前テントここに在り」という一つの理屈とともに座り込みが続けられているのか、それは何を生み出そうとしているのか。

これらの問いは、この小さな経産省前テントそのものの現実とこの現実を取りまく更に広い日本そして世界の中で、自らを確立し、『脱原発』の戦線を押し広げて行くにあたって不可欠なことに違いない。

本書はこれについてなにがしかの示唆を与えようとするものである。

## テント及び脱原発運動の政治的性格――テントの主体性と自問

与えられている基本要件は次の通りである。わが国における原発推進は、かなり追い込まれながらも依然として国是であり、したがって脱原発運動もその志半ばである。

そういう意味で、経産省前での座り込みも簡単に終わらすことはできない。「われわれ」には『原発を止める』という意志に反比例して『座り込みを止める』という意志はない。また「われわれ」とは誰なのか、どこまでの人々が関係者なのかも判然とはし難い。原発立地とはどこまでか判然とし難いというのとちょっと似ている。

また、志半ばであるわが脱原発運動の実態はいかなる意味においても一枚岩ではない。ただ、それを担う人々は、長く運動に携わってきた人も二〇一一年に運動に参加し始めた人も容易には諦めないことを心に決めている。原発は余りにも理不尽な存在であるが、最近の原発再稼働という状況の中で、この国家政策は深く社会に染み込んでいるように見えることが、それなりに理解されるからである。

## 原発立地住民——その矛盾と政治的不条理

高浜原発三、四号機の再稼働に際して原発立地住民の意見として次のような報道がなされている。

「稼働できるようになって一安心」

「直接関係のない所が（仮処分申請を）出して、振り回されて嫌な思いをするのは地元だ」

「日本全体でみれば再稼働した方がいい。（けれど）危険もすごく大きいし、うれしいとまでは言えない」

「（原発が）動けば仕事があるが、今は全然仕事がない。動かせるなら早く動かしてほしい」

「今の世の中は脱原発の意見が多い。（再稼働）決定はいかがなものか」

「原発の再稼働は、仕事が増えるなど地元にとっては大歓迎ですし、ありがたいです。原発をずっと止めたままにしておくのはもったいないです」

「原発が再稼働すると事故やトラブルの危険が出てくると思います。福島第一原発事故の被害者のことを考えると再稼働には反対です」

「再稼働するのはいいですが、原発で重大な事故が起きると、音海地区は半島にあるため、船などを使わないと避難できないです。速やかに避難できるよう行政にはきちんと取り組んでほしい」

「滋賀県には関西の水がめである琵琶湖もあるので、再稼働には絶対反対です。命や健康、それに子どもたちの将来を考えると、電気料金や電力コストを優先することはできません」

「原発とは共存共栄。再稼働が活性化につながる（と喜びつつも）、絶対に事故がないよう安全に努めてほしい」

「再稼働は地元にとってありがたい。将来の子どもたちのためにも安全第一にしてほしい」

「原発が止まっていても電気はまかなえていた。原発がないに越したことはない」

「（陸路で避難するには一本の県道を使うしかなく）原発前を通らなあかんなんて、ばかげている。船やヘリで逃げる以前に、地下シェルターでもないと安心できん」

「（一、二号機の運転延長に反対ながらも三、四号機の再稼働は）ある程度受け入れている」

「電気は必要だし舞鶴でも原発で働く人も多い（と再稼働に一定の理解を示しながら）、嘘でもいい、国や関電から『一〇〇パーセント安全』という言葉を聞きたい。私たちの不安は届いているのだろうか」

「原発が動かないと仕事が減り困っている人もいるはず。（故郷で作られた電気が関西を支えているという自負もあり）安全に作業が進むよう見守りたい」

こうした感想なり意見はマスコミとしての一定の恣意的な枠の中での報道であるとしても、立地住民それぞれが複雑な状況に置かれており、一人ひとりの住民自身が非常に大きな矛盾を抱え込んでいることを示している。

ところが三・一一以降、様々な世論調査においては、原発あるいはその再稼働に反対する意見が過半数を占める時代になっている。

二〇一一年一二月に「事故収束宣言」が行われたが、一年後の二〇一二年の師走選挙ではその収束宣言を行った野田民主党政権は自信喪失・支離滅裂のまま大敗北、原発推進の自民党が圧勝し政権に返り咲いた。かと言って原発反対派が少数になった訳ではなく、その基調は今日でも変わってはいない。けれども、政治的世界、国政レベル、国政選挙レベルでは明らかに異なった結果となっているのである。原発の存在自体が不条理だが、このことも明らかに不条理な事態である。

## テントの戦略・戦術

われわれは原発に反対しているが、その行動をあくまでも大衆的な運動として進めている。私はつい最近、水滸伝に出てくる『(忠義双全)替天行道』という言葉を知った。「天に替わって悪を討つ」といったほどの意味だろうが、かつてそのような気分にいたことは事実でもあろうし、実際のところ『経産省前テント』建設の契機はそのようなものであったかも知れない。現代社会の真っただ中――矛盾の複雑な絡み合いと二重三重の不条理の中で、脱原発の声を挙げ続けなければならないことだけははっきりしているのだが、この命題を『替天行道』といういささか派手な印象を与える立場だけで継続できるであろうか。

他方でまた、どんな形であれ脱原発の声を挙げ続けることが重要だが、それだけで良いのかという疑問があってもおかしくはないのだ。このことは、自らの大衆運動としての闘いの局面を自らが新たなものとして展開させていく具体的な、生きた戦術に関わる課題であろう。こうした問題・課題に絶対的な解答があるわけではないだろうが、真剣に考えなければならない。

冒頭に「本書はこれについてなにがしかの示唆を与えようとするもの」と述べたのは、テントの運命がどうあるのか、どうあるべきなのか。ある程度長期にわたる展望と目前の戦術に関してのことである。

経産省前テントはこれからどうなるか。テントの運命はわれわれの宿命でもあるが、われわれ自身が決めるものでもあるのだ。この問題は原子力ムラとどう闘うかという問題でもある。

# 渕上太郎のこと

江田忠雄

渕上が亡くなる前年の二〇一八年一二月初め頃だったか、藤沢の自宅を見舞いに訪ねた。鹿児島の蓬莱塾へ戻る前だった。渕上の癌は進行し、医師からは余命幾許もないと宣告されていた。これが会う最後になるだろうという想いがあった。ビールを飲みかわしながら取り留めもなく時間を過ごした。帰り際、新年会またやるけど来ないかと誘ってみた。

川内原発の脇の久見崎浜で開く新年恒例の行事だ。当然のことだが、渕上は、そりゃあ無理だろうと残念そうな様子だった。だが違った。新年になって（だったか）、「行くよ」と電話があった。新年会には鹿児島で知り合ったほとんどの人が集まる。みんな喜んだ。人生の仕舞いを見事にこなす渕上の律義さに深く感動したのだ。

渕上太郎を知ったのは、9条改憲阻止の会の活動が始まって間もなくの頃だった。阻止の会のメンバーには、安保ブントや全共闘運動の著名な活動家も少なからず参加していた。よく言えばそうだが、実態は行く先のない落ちこぼれ活動家の避難先の観を呈していた。渕上は早稲田ブントの蔵田計成の紹介で阻止の会事務所にあらわれた。

オレはマスコミ反戦時代からＭＬ派とは共闘していた関係でＭＬの人間はある程度知っていたのだが、渕上については全然知らなかった。もうその頃、渕上は組織と距離を置いていたのかもしれない。渕上にとって、良く知らないオレは煙ったい存在であったようだ。ウマが合うようになるのは、二人で沖縄へ行った時以来である。沖縄闘争支援の資金集めと称して、塩見の生前葬をやり、確か五〇万円をカンパとして持って行った時だ。

日本産タンポポ探しに熱を上げる渕上の性向にはじめて出会ったのもこの頃だ。

沖縄行きは、やがて沖縄から東京を目指すオレ達版ピースウオークとなり、歩いた後は座り込む、国会前座り込みとなった。

三・一一が起こりカッコよく言えば怒涛の闘いが始まった。渕上とは、どちらからというでもなく、以心伝心みたいなところで行動が定まっていくというような所があった。呟けばそれが始まりだ。経産省前テントも川内テントもそうだ。一緒に現場を見に行った。

渕上がある時ポツリと言った。三・一一の直後、原発構内に潜り込めるかどうか、福島に一人で行ってきたというのだ。警備が厳重で諦めたという。原発事故という未曾有の事態にどんな闘いが組めるのかそれを探ろうとしたに違いない。

渕上太郎はよくカッタルイという言葉を使う。グダグダ議論するのはカッタルイのだ。結論がでない議論に時間を空費することに虚しさを感じ我慢が出来ない。

行動派のブントから理論第一主義の革共同の時代となり、理論の違いに固執するあまり内ゲバの非条理が運動を蝕み、左翼運動全般から生命力を奪うことになる。渕上が幹部を務めたＭＬ派もその煽りを食らった一例だ。渕上太郎の生きざまは其れを証して余りある。

付け足すと、ある時オレが船戸与一の『満州国演義全八巻』を読んだと言った時、渕上が強い興味を示したので、全冊進呈した。詳しくは語らなかったが、渕上の親父は満洲馬賊か満洲浪人だか知らぬが当時流行の「志士」だったらしい。ウム、渕上太郎の体には馬賊の血が流れていたのか。納得できる気がする。

# 脱原発 経産省前テントここに在り！

## 渕上太郎遺稿集

二〇二一年四月一五日　第一刷発行

著　者　渕上太郎遺稿集編集委員会
発行人　中澤教輔
発行所　情況出版株式会社
〒一三六-〇〇七一
東京都亀戸八-二十五-十二
電　話　〇三-五八七五-四一一五
ＦＡＸ　〇三-五九三七-三九一九

印刷・製本　中央精版印刷
装丁・ＤＴＰ　木村祐一（株式会社ゼロメガ）



ISBN978-4-910556-01-7